世界花园经典品读
——英国切尔西花展花园（2019）

World Garden Design Classic Case Analysis

花园时光编辑部　编

中国林业出版社
China Forestry Publishing House

切尔西花园
——深入品读，才能更得其妙

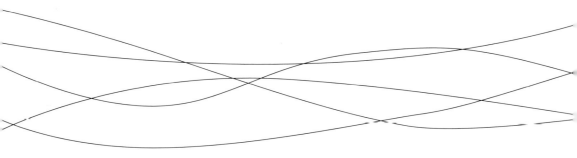

英国的切尔西花展是世界最著名的花展之一，如今已有上百年的历史。每年花展上，全世界最优秀的花卉和花园作品在此汇集，吸引大量的英国本土以及来自世界各地的园艺爱好者前来朝圣。

"推广最佳花卉产品，展示最佳花园"是切尔西花园一贯秉承的宗旨，也是花展两大最主要的展示内容。花园展示更是切尔西花展特有的重头戏，是花园艺术时尚潮流和未来趋势风向标，同时也是各种花卉产品进入人们日常生活的有力推手。

历史上切尔西花展为世界奉献了许多花园形式。如早在花展的初期、即1913年前后 风行岩石园，当时的切尔西花展就有重头的展示，以至于岩石园区域至今保留。岩石园也成为英国许多花园中的重要景点，诸如邱园、威斯利花园、爱丁堡植物园都有非常出彩的岩石园。

如今，切尔西花展上展示的花园已不仅是供观赏的对象，而是融入了多样的理念与信息。2019年的花园展，王室成员之一——英国剑桥公爵夫人凯特王妃参与设计了一个"回归自然"的主题花园，这个花园的设计围绕儿童的需求，呈现出一个自然、野趣的乐园，鼓励孩子们走进森林，贴近大自然。其他花园都有自己要传

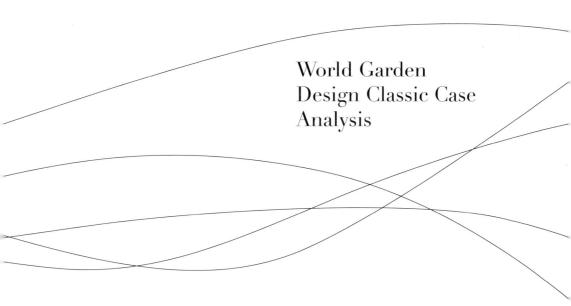

World Garden
Design Classic Case
Analysis

达的理念信息，比如气候变化、可持续发展、精神健康、关注非洲教育、关注儿童、关注弱势群体等等。

新优花卉在花园中的运用也随处可见。英国的花园源于田园风光，以充分体现自然景观而著称。花园艺术更多的是植物造景艺术。英国本土的植物资源并不丰富，可是经过几代园艺工作者上百年的努力，培育出无数适合英国的花卉植物品种，造就了一个拥有品种最丰富、艺术水平最高的花园王国。花园展成为这些新优植物推广应用的绝佳平台。

但是，想全面深入地理解切尔西花展上的花园设计理念、巧思，仅仅依据官方百字左右的介绍是很难的。为此，我们从参观切尔西花展的观众中，征集各个花园不同角度的图片，再加上来自国内著名造园机构——北京和平之礼的专业深度品读，让读者更深入了解这些设计独到新颖、令人惊叹的花园。

本书花园手绘图来源于2019切尔西花展导览手册。感谢所有为这本书提供图片、文字的作者，因为你们，让最后呈现更精彩！

编者
2020年6月

World Garden
Design Classic Case
Analysis

目录
Contents

World Garden
Design Classic Case
Analysis

特展花园

FEATURE GARDENS

英国皇家园艺学会（RHS）
回归自然花园
（The RHS Back to Nature Garden）

设计：剑桥公爵夫人殿下凯特王妃、Andree
Davies、Adam White

....

　　这片林地花园由英国旅游局支持，由剑桥公爵夫人殿下凯特王妃和汉普顿宫花展金奖得主 Andree Davies、Adam White 共同商讨设计完成，王妃为这个展览预热了三四个月，参观苗圃、拜访供应商和专业园丁。

　　特展的主题是回归自然，所有的设计和建设，都以原木为主要材料，这是倾听大自然的声音，感受大自然美妙的地方。更是一个远离世界、玩耍、学习、探索、共同创造家庭美好回忆的地方。

品读人：楼嘉斌

当案

这个花园是由剑桥公爵夫人殿下凯特王妃与景观设计师、建筑师安德烈·戴维斯（Andrée Davies）和亚当·怀特（Adam White）合作共同完成。花园整体是一个林地花园，还原了自然林地中的景观，设置了孩子玩耍的空间，意在鼓励家庭走出室内，在户外度过美好家庭时光，也想要鼓励家庭中的父母、祖父母多与其他家庭成员一起玩耍，促进家庭和睦和谐。让家庭中的每一个成员都能感受到自然带来的乐趣，从而爱上家庭聚会。

随着计算机、手机等电子产品的普及，人们越来越习惯通过电子产品的沟通，而缺乏面对面的交流。再加上大多数人都无法拥有自己的花园，住在城市中很难与自然保持联系，工作的快节奏，也让我们没有时间去郊外感受大自然，压力也无处释放。所以在这样的背景和环境下，我们已不是"自然人"，生活的重担让我们背负很多，人与人之间的交流也变得越来越稀少。我们缺少的是放松和娱乐的方式，相反在自然中人们能放松身心，放下烦恼，充满活力。自然还有治愈的功能，能疗养受伤的心灵。基于这样的背景下，这个花园就诞生了。

花园呈长条形，四周由高大乔木环抱，形成林中之景，一条蜿蜒的木栈道在林中穿梭。花园中设置了多个游乐设施，有高大的树屋、野外帐篷、秋千、树洞、篝火盆，均是孩了喜欢的游戏场所。除此之外还有模仿自然而设的溪流、瀑布、木桥、枯木，这些构筑物均是采用自然林地中的枯树枝、树桩等建设而成。植物的搭配也是最大限度地接近自然的状态，所

左页　花园中有模仿自然而设的溪流、瀑布等。
右页　花园中设置了多种游乐设施，这是孩子们喜欢的树洞。

左页 模仿自然而设的溪流、木桥、树等均采用自然林地中的枯树枝、树桩等建设而成，植物的配置也最大限度地接近自然的状态。

右页 树屋位于花园的核心位置，是由一棵美丽的大树建造而成，通过阶梯便到了树屋平台，长短不一的鹿角橡树树枝被固定在树屋上，让树屋从远处看起来像个鸟巢。

以最终呈现的效果也是特别的具有自然感。当看到照片，你很难想象这是短时间内建设而成的，你会感觉这些原本就生长在这里，经过了岁月的洗礼。

花园中的溪流、瀑布是人为采用石块堆积而成，设计师为了让场景更加逼真化，在石头上覆盖了多种苔藓，有了苔藓的水景顿时如附了灵魂一般，自然了起来。包括枯木上的苔藓也是有着绝妙的效果。

树屋位于花园的核心位置，是由一棵美丽的大树建造而成，通过阶梯便到了树屋平台，长短不一的鹿角橡树树枝被固定在树屋上，让树屋从远处看起来像个鸟巢，平台上开小孔，与阶梯相连，小孔可以让一人通过，瘦小的成年人也能到

达树屋平台，从平台上能俯瞰整个花园。树屋延伸出来的树枝上悬挂着秋千球，为成人和孩子提供了嬉戏的设施。

花园中还暗藏着篝火盆，可以满足户外烧烤的功能，石头围成的烤火盆，很原始，让人联想到小时候去山中野营的经历，这也能帮助成人带孩子体验野外烧烤的乐趣，也能拓展他们野外生存的能力。篝火盆旁边就是由木树枝捆绑形成的三角形帐篷屋，模仿了野外休憩的场所，孩子们和大人玩累了可以在棚屋内小憩。如果天气好，还能作为夜晚观看星空的大本营，一家人一起其乐融融。

花园的植物引入了一些野生的乔木和灌木，意在让花园看起来更加自然。地被植物整

体以蓝色、绿色为主色调，让花园空间更为沉静、轻松。花园中种植了一些食用植物，鼓励孩子们喜欢园艺，通过自己的双手种植新鲜的水果与蔬菜。可以看到的是花园中有一些野生高山草莓，有梨树、李子树、樱桃树，均是可食用的植物品种。花园中种植有金莲花、大穗杯花、天竺葵、乌毛蕨、大星芹、勿忘我、羽衣草，这些植物是很好的蜜源植物，能提供花粉和花蜜，给蝴蝶、蜜蜂享用。

正如这个花园的主题所示，花园的一切都最大限度地与自然靠近，从而展现出回归自然的感觉。这是一个能让人参与进来的花园，无论你是牙牙学语的孩童，还是年已古稀的老人，你都能在花园中找到自己的乐趣。花园中设置的构筑物，能让父母和孩童一起玩耍，增强了亲属关系的促进，设置的功能都很亲切，几乎是每个人成长中会接触到的。所以在这样的环境中你很容易放松下来，这就是自然的魅力。

这个自然花园就属于纯模仿自然，采集丛林中的材料，截取丛林的场景，模仿丛林中植物的生长状态，一起融合到花园中，但如何将其模仿的像，也是需要功底的，是需要日积月累的观察、日复一日的操练。

说到自然这一主题，不仅是切尔西近几年来的热门主题，中国园林从最根源开始也是"师法自然"，以达到"虽由人作，宛自天开"的境界。日本园林也是从浓缩自然景观开始，到后期的简化为枯山水，以石为岛，以沙为海。东方园林中对山水有着独有的情节，喜好利用石头堆叠形成山峰，又利用石头砌筑水池，廊亭围绕，茶台观赏，来感受园中之美景。其实西方、东方对于自然的认识是相通的。水、石、植物均是不可或缺的元素，只是组合搭配上各有千秋。但长久以来人们就有着追逐自然、回归自然的天性，不论身处何地，人们都愿意去自然的环境中游玩。

现代发展的步伐日渐快速，生活的负担日趋加重，只有在自然中，才能感受到人与人之间的平等，感受到人在自然中的渺小，由此自然便成为设计的热门话题，也是现在园主追捧的对象。每当有好的作品呈现的时候，我们都能找到自然的影子。设计师开始摒弃机械加工后规则的石材，更多地倾向原石、毛料，对缝隙的要求是还原自然的纹路，舍弃尖角，多些岁月打磨的痕迹。木材也被大量的运用，原木色给人以亲和感。原生态的植物也大受欢迎。我想设计回归自然这将会成为当下和未来的趋势。

右页 孩子们喜欢的篝火盆。

英国皇家园艺学会（RHS）宣传推广花园

（Bridgewater）

设计：Tom Stuart-Smith
建造：Crocus
赞助：British Tourist Association 英国旅游协会

英国皇家园艺学会（RHS）Bridgewater 花园将于 2020 年开放，这一次的作品是英国旅游局为 RHS Bridgewater 花园做的展示宣传。

花园面积为 67 亩，入口处使用了大型的深红色钢结构框架，不仅有着加固入口的作用，而且用这种非正统的方式创造出了一种戏剧性的感觉，象征着 RHS 大胆的愿景。

花园的小径也暗藏玄机，路径的模式基于一种被称作 Voronoi 的数学模式。

品读人：楼嘉斌

2019年切尔西花展还未开放的时候，早早便有英国皇家园艺学会放出的参展名单和概念设计图，已使人初步领略了这个花园的效果图和设计理念。了解这个花园前必须对其背景进行一个详细的剖析。

这个花园是由M&G Investments赞助，花园的初衷是为了庆祝2020年对外开放的布里奇沃特花园（Bridguater）。布里奇沃特花园是英国皇家园艺学会对外开放的第5个国家花园，其历史悠久，受到过维多利亚女王的访问，但由于年久失修，辗转主人，场地被用作他途，不再是当年辉煌时期的模样。2017年英国皇家园艺学会商讨后决定对其进行整体的修复，不仅是建筑的修复，还有花园部分也要重新规划再完善。规划中将遗址保护再利用，在原有的基础上融入新的现代元素，让花园故土注入了新的生命力。

这两座花园的设计师均是Tom Stuart-Smith。切尔西花展上的布里奇沃特花园糅合了布里奇沃特花园迎宾楼建筑周边花园的元素，两者都呈现出鲜活、宽阔、现代和包容的特质，两个花园是相辅相成的。

花园整体规划很简单，多出入口，可供参观者随意穿行进入。碎石路径连接出入口，划分出多个异形的绿岛，绿岛上种植高低错落的植物，形成开合的空间。大型锈红色的钢结构穿插在整个花园中，在主次入口处设置钢质棚架，增强花园入门的存在感。这些锈红色的钢构筑物颜色鲜明，在众多绿植中脱颖而出，其硬朗的线条和高耸的立柱营造出一种封闭感和戏剧感，打破了简单规划的单调感，瞬间能抓人眼球，捕获好奇心，让人忍不住来一探究竟。不得不说这样的设计在展园中是佼佼者的存在，足够突显张力。

资料显示花园的路径模式与布里奇沃特花园的模式相似，并基于一种被称为泰森多边形或冯洛诺伊图（Voronoi diagram）的数学模式。由此可知花园以路径分割，将绿地组合起来便是泰森多边形。而光看泰森多边形的名字可能你会比较陌生，但看图就会恍然大悟，生活中这样的图形随处可见。多细胞构成的自然几何图就是泰森多边形，蜻蜓翅膀上的纹路图案，长颈鹿身上的斑纹等等。建筑行业内运用泰森多边形也不再是新奇事，我们熟知的水立方就是运用了这一原理演变而成。其也是当下景观行业推崇的对象，设计师在计算机中应用参数化设计手法，来模拟植物细胞结构在自然生长中的状态与变化，通过一系列的演变生成类似自然几何结构的多边形形态。让整体方案更加具有自然科学性，也可让参观者在空间内直观地体验生物结构的图案形式。我想这也是Tom Stuart-Smith运用泰森多边形的初衷吧。行走在花园中，就如同行走在自然界中，使人感觉渺小但又是其中一份子。

当然这座花园最有看头的就是植物了。从总体结构上来说，植物可以分为三个部分。首先是多棵日本四照花种植在花园绿地中，或依附在钢立柱旁，或在绿地中央，其姿态舒展，在花园中起到了结构性的作用，围合出花园多个空间，使花园有开合之感，也柔化了钢结构所带来的的硬朗感，让其在花园中不再显得突兀，有了相互映衬，减少其高度上给人带来的压迫感。

7棵山毛榉修剪成圆柱状，点状分布在花园中，成为花园的第二层次。其形状规整，与下层的花境植物有了一个鲜明对比，也如结构一般，支撑整体花园植物的骨架。

花园整体规划很简单，多出入口，可供参观者随意穿行进入。碎石路径连接出入口，划分出多个异形的绿岛，绿岛上种植高低错落的植物，形成开合的空间。

植物可以分为三个部分。首先是多棵日本四照花种植在花园绿地中，围合出花园多个空间，7棵山毛榉修建成圆柱状，点状分布在花园中，下层花草组合，设计师采用团块式种植，植物也多选择叶片大、线性直立叶片植物，来突出花境的规整性。

对于下层花草组合，设计师采用团块式种植，少有混种现象，植物也多选择叶片大、线性直立叶片植物，来突出花境的规整性。花境整体色彩以绿色为主调，用蓝、粉和红色的花朵零星点缀，避免大片鲜艳的色彩，更为自然，更易被人们接纳和亲近欣赏，视觉上也不会有审美疲劳。

比如图上这一组，鬼灯檠大块种植在三角区域，后方搭配鸢尾、克美莲、老鹳草，鬼灯檠占据比例较大，鬼灯檠的叶片大且规整，整体姿态挺拔，可以作为骨架植物来填充，鸢尾和克美莲高度上体现层次，其形态与鬼灯檠形成强烈反差，再通过老鹳草的加入，又对其进行了过渡，所以从视觉上会觉得花境富有节奏，整体感觉很舒服。

另一侧，大花拳参占据三角前端区域，唐松草与大花拳参混合种植，后方克美莲平衡色彩和高度，老鹳草过渡衔接。这个组合中大花拳参是焦点植物，其体量比例也是最大的，粉色的柱状花序给人一种可爱的感觉，植株根根分明，不会显得杂乱。克美莲的叶片呈线条状与大花拳参不同，白色花序高于花境中其他植物，有种亭亭玉立之感，在花境中显得优雅、大方。

另一组合中主景植物进行了替换，选用了阿米芹。阿米芹花序飘逸、婆娑，星星点点但又有体量感，也是比较好的主景植物。搭配植物与前几组相似，增加了箱根草过渡。

整体感受这个花园，给人的感觉就是很自然、很亲和，无论是整体的规划设计还是植物的搭配，都会有使人触动内心的点，让人慢下脚步去细细欣赏。它很大众化，能被多数人接受、喜欢，是个比较有观众缘的作品。在稳定的基础上，设计师又加入了暗红色钢构构筑物，做了颜色的跳脱和空间上的叠加，有了一些夸张的成分，让原本保守的花园又注入了新的活力。

我想这也是设计师想要传达的信息，想要告诉大众布里奇沃特花园的设计理念，新的布里奇沃特花园不仅仅是原有遗址上的修复、还原，还有更多创新元素的加入，让古遗址与新文化能相互融合，碰撞出新的火花。整体的景观能被大部分人接受，并享受于此，这便是英国皇家园艺学会的初衷。如何将古遗址与现代景观融合，这也是当下英国花园设计新的探索模式。

布里奇沃特花园计划2021年对外开放，从可以搜索到的资料来看，花园规划整体保留了历史上布里奇沃特花园的风格和格局，在节点处做了改动和创新，但整体的材质、色彩都是尽量还原其原来的风貌。虽未看到实景，但我可以想象得到，花园花境的搭配方式和切尔西纪念花园有异曲同工之妙，搭配层次和色彩上会接近现代人的喜好，注重层次的叠加和季相变化，风格偏自然但又讲究规整和统一。这已不是布里奇沃特花园独有的特色，走访多处英国花园，你能发现花境多是这样的处理手法，是当下比较稳定的搭配手法，值得我们去学习和借鉴。

我国南方的一些城市，气候条件与英国相

左页　花园的结构性植物——日本四照花

右页上　圆柱状的山毛榉树与各种草本花卉搭配。

右页下　花境整体以绿色为主调，用蓝粉和红色的花朵零星点缀，避免了大片鲜艳的色彩，更为自然。

类似，这样的植物搭配手法是可以拿来直接运用的。虽然部分植物国内没有栽植，但也可以找到替换植物，如大叶子的大吴风草、八角金盘、玉簪就是很好的骨架植物，线条植物常绿鸢尾、西伯利亚鸢尾、德国鸢尾、火星花是很好的竖向植物素材，稍加搭配也能形成很好的效果。而北方就会困难一些，植物素材相对缺乏，需要走其他的模式。这样的搭配模式会让花境更加耐看，比大红大绿的色块花境更加典

雅和富有律动。

为何英国花园会受到世界人民的喜爱，我觉得就是其自然的点最为打动人，让人身临其境时，能产生对自然的诸多美好的遐想，成为生活在城市中人民的心灵慰藉。而且自然的元素引入不能太过刻意，需要从自然中寻找线索，用自然独有的图案和逻辑来重塑景观，这就是布里奇沃特花园切尔西纪念花园所带给我们的启发。

World Garden
Design Classic Case
Analysis

展示花园

SHOW
GARDENS

约克郡花园

（The Welcome to Yorkshire Garden）

设计：Mark Gregory
建造：Landform Consultants Ltd
赞助：约克郡旅游局
获奖：金奖

约克郡花园的灵感来自于该地引以为傲的工业、制造业和它由来已久的创新性以及令人惊叹的自然环境。

进入花园很容易就让人想起约克郡运河沿线许多地区的改造。花园的亮点是一条小型运河，河道起始处是两扇狭窄的运河闸门，旁边是守门人的小屋，美丽的花园与莱地围绕着小屋。河道另一边是一片常年生长的草地，展现出了典型的约克郡乡村风光。

品读人：翟娜

作为一名出生成长于城市的80后，乡村对于我而言，是充满奇趣诱惑的。它是小伙伴们口中炫耀的可以上树掏鸟窝、下河摸鱼虾的地方。那时虽然对诗词中"雨里鸡鸣一两家，竹溪村路板桥斜"的意境兴趣寥寥，却对歌里唱的有着池塘边、大树下、知了声声叫着的夏天无比向往。我曾向父母提议，送我去乡下过个暑假，我爸回答，"这还不容易？去某某某亲戚家即可"，然而这听起来轻而易举的事情却从轻松愉快的小学时代，拖到学业为重的中学时代，始终未能成行。

等到终于成行，我已不是无忧无虑的少年，乡村也从奇趣诱惑幻灭成灰暗印象，这种灰暗并非色彩层面。成片面目简陋的房屋大多贴满了光亮的瓷砖，其中甚至不乏罗马柱与琉璃瓦并存的恢宏如城堡宫殿的房屋；池塘水域绿藻盈盈，岸边杂木枝条间彩色垃圾袋飘摇，这些"纷繁"让乡村在视觉上并不缺少颜色，但却褪去了梦想中的光环从而堕入灰暗。

近些年，美丽乡村的建设在如火如荼的开展，可是无论是早期的新农村改造，还是如今的美丽乡村，建设者们都是热情满满又充满困惑——怎样的乡村才算美丽？如何让粗陋的乡村重现往昔的灵动活力？或许约克郡花园可以提供一丝灵感。

2019年是约克郡旅游局连续第十年参加切尔西花展。十年间约克郡旅游局每年邀请设计师在切尔西花展上展示约克郡的风采，作为本地的宣传名片，并深受游客喜欢，尤其是2018年的约克郡山谷和本届的运河水闸，除了获得评委会展示花园金奖外，还均获得由观众投票评选的"人民选择奖"。

约克郡拥有悠久的历史，工业与优美的自然环境和谐并存，被称为"上帝自己的郡"。此次花园的设计灵感正是源于该地区引以为傲的工业、制造业和持续的创新性，以及其令人惊叹的自然环境。

进入花园，很容易让人想起约克郡沿线

运河岸上，小屋旁边的小路花境，选用的都是约克郡本土
植物，呈现出原生态自然之感。

许多地区的改造。花园的亮点是一条小型的运河，工业革命时期，约克郡境内纵横交错的运河水路曾为工业发展提供了巨大的便利，一些重工业，如煤炭和钢铁业衰落后，运河所承载的水路功能需求便逐步弱化，人们对运河的关注点逐渐转为两岸的自然环境恢复，花园的着眼点也正是在此。

河道起始处是两扇狭窄的运河闸门，为了更好地展示还原约克郡运河悠久的历史，闸门并非新建或者做旧，而是由运河信托捐赠的源自于 Huddersfield Narrow 运河的文物。水闸常年浸润在河道中，木板缝隙中长出了油绿的水草，浑然天成的历史气息与河岸边石灰石砌筑的守门人小屋相辅相成。守门人小屋门窗颜色采用的是清澈的湖蓝，既有穿越历史的

宁静恬淡，又为岁月的沧桑增添了一抹亮色。与之呼应的是小屋周围的花境，高大的背景树篱前，大花飞燕草跃动的蓝色作为主色调，圆当归点缀其中，更增添了一份浪漫自然。下层地被羽衣草和淫羊藿的运用，使得整个花境层次结构分明，让人不禁联想到守门人或许是一位可爱的老爷爷，在工作之余还不忘打理这片小小的花园。不远处围绕小屋的菜园很可能也是他的杰作。河道里看似随意的水生鸢尾、苔草，以及叫不上名字的小野花，其实是设计师的匠心所在，选用的植物皆为约克郡本土植物，意在模拟运河两岸植被的自然恢复状态。

花园设计师 Mark Gregor 说："我的设计表达了对运河的敬意，这些运河在工业革命时期是约克郡工业的重要动脉，它们被精心修复，创

右页 花园的设计师 Mark Gregory 说："我的设计表达了对运河的敬意，这些运河在工业革命时期是约克郡工业的重要动脉，它们被精心修复，创造了一个独特的生态系统和宝贵的休闲资源，这些运河为这个国家做出了巨大的贡献。"

造了一个独特的生态系统和宝贵的自然资源，这些运河为这个国家做出了巨大的贡献。"

约克郡花园为我们展示了自然之美与工业的平衡，表明了一种态度：工业地区也可以成为一个安静迷人的所在。这种平衡对于正在面临各种环境问题的我们而言着实羡慕不已，可是在羡慕之后，我们也应该认识到，这种平衡的建立并非自然而然的发生，有赖于无数位可爱的"老爷爷"去美化、维护自己周围小小的一片环境。我曾看过一期英国园艺节目，讲的正是一群园艺爱好者自发建立了一个组织，业余时间在运河中投放自己制作的生态浮岛，这些浮岛由漂浮物聚集支撑亲水植物组成，植物可以净化水质，根系交织出的小环境能够为小型水生生物创造生境，较大的浮岛甚至吸引了水鸟、野鸭前来筑巢。

我不知道忙碌于奋斗的我们什么时候才有闲暇去成立这样的组织，倘若有了这样的组织又会被社会如何看待，反正作为60后的我爸给出的评价是"吃饱了撑的"，毕竟我们吃饱饭也不过短短几十年，距离全民"吃饱了撑的"尚需时日。人类对美的追求必然落后于生存需求，从生存需求上讲，刚刚达到吃饱吃好的我们与发达国家"吃饱了撑得"还有差距，对美好环境的追求自然也是会有距离的。在我看来，这种距离并不体现在审美高下，而是主动追求和被动等待——我们总是寄希望于政府、某组织团体、某个别人去改变，治理污染、绿化荒漠、设计好的作品，有些高屋建瓴的工作确实需要强有力的部门去做，但是差异化、个性化、纷繁琐碎的细节更需要我们每个人的活力，脱离了个体审美参与的工程所呈现的就是千城一面，即使美丽，也是雷同的小镇。

约克郡花园很美，不止美在质朴自然，更是美在它对运河环境的修复，历经野蛮发展最终取得工业与自然的平衡，这同样是我们的目标，更是我们每个人应当参与进来的事业。

M & G 花园

（The M & G Garden）

设计：Andy Sturgeon
建造：Crocus
赞助：M&G Investments
获奖：金奖、最佳展示花园奖

 这座花园赞美了自然之美及大自然非凡的再生能力，M&G花园的特色是带来了来自世界各地的多样的植物物种，许多不同寻常的植物更是首次在切尔西亮相，更令人惊喜的是所有这些植物都能很好地适应英国的气候并茁壮成长。

品读人：翟娜

分明是身处熙熙攘攘的展会，在M&G花园中，我却看见了森林深处的秘境。

切尔西花展上的林地花园并不罕见，尤其是近些年，自然风格花境盛行，传统的讲究高低错落、形态对立统一、色调质感搭配的种植组团逐渐被取代。似乎是设计师们集体解锁了植物搭配技能后，便发觉这种有规矩可循的技能不过尔尔，所谓道可道非常道，反而无可名状的自然之道美得更加洒脱，美得旁若无人。于是，设计师们不约而同地抛开法则，忘掉搭配，转而追求大道无形，虽为人作，却像自然中的野花野草那样自由和谐的自然花境，甚至不在意是否为花境，更确切的说应该是自然生境。

这样的转变早已在悄悄地慢慢地发生，也早已呈现出不少好的作品。可为何唯独M&G花园给人如此沉静的感觉，能够屏蔽周遭喧嚣，甚至给人林深时见鹿的错觉？

查看资料时看到有介绍说这座花园里种了大约1万种来自世界各地的不同植物，许多不同寻常的植物更是首次在切尔西亮相，其中最大的一棵是白皮松，重达6吨，有5根树干。

虽然英国人一贯热衷于收集全球植物物种，在园艺品种培育方面也建树颇高，但在这小小的展会花园中栽植约1万种不同植物依然令我不禁惊诧，怀疑编辑是否激动到手抖，不小心多打了一个零。作为一名工作在中国北方城市的花园设计师，早已习惯了日常羡慕英国优越的气候环境、丰富的园艺植物品种，不得不承认，地大物博的我们，在园艺植物的引进、培育、应用方面远远落后于英国。但我确信的是，M&G花园带给我的沉静震撼并非源自于1万种的植物、珍稀且非同寻常的品种、移栽的

左页 园内的植物主要有原始木犀草、南极木犀草、白皮松、赤松、博地锦等。

右页 在年轻的树木和蕨类植物之间，像宝石般闪耀的花朵，给这个林地花园带来了色彩，绿地中闪耀着丰富的蓝色、橙色、白色和深紫色。英国工匠 Johnny Woodford 用50吨可持续燃烧的橡木木材雕刻了大量的代表着古代岩层的雕塑耸立于树林中，大大地增强了不同植物的对比纹理。

超大规格白皮松，抑或对自然林地日趋逼真的模拟。

其实在这片林地中，最为吸引我的并非年轻的和成熟的树木、闪耀着宝石光泽的花朵和安静的蕨类，而是一道道犹如伤疤的黑木雕塑，它们是由来自苏塞克斯郡的雕塑家 Johnny Woodford用15吨可再生的橡木雕刻而成的。雕塑花了6个月的时间，然后用一种古老的日本技术将其变黑，这种技术可以使木材变硬并起到保护作用。细流从黑木雕塑缝隙间流出注入小溪，沿着巨大的石头平台的阶梯缓缓流过花园，最后汇入一汪清浅的水池。

花园设计师Andy Sturgeon的灵感源自于自然再生力，10处巨大的黑木雕塑象征自然岩层，随处可见的先锋植物与犹如烧焦碳化的黑木雕塑形成强烈对比，这种对比不只是在色彩上，更是在生命力上。先锋植物率先开拓沉寂的土地，随后而来的是速生的灌木，重新滋养出生机的土地上，乔木回归，年轻、细弱，但又生命力十足，在历经岁月、风雨、灾难洗礼后仍顽强留存于大树面前，稚嫩而充满希望。同样看似细弱无力的涓涓细流沿途滋养着这一众生命，源头却是来自于死寂的黑木雕塑，阐释出自然的轮回不朽。

花园设计师 Andy Sturgeon 说："这几个神奇的星期令我着迷，就像无论你在自然界的哪个角落，都能看到生长的植物并美化着风景，这令我着迷，我试着在花园里捕捉那种兴奋。花园里的黑木雕塑是为了衬托那些无与伦比的植物，它们为每一片叶子和每一朵花都创造了戏剧性的背景，并给参观者提供了停下来歇脚的地方。"

花园中原生态的小路及自
然地植物配置。

Andy Sturgeon在接受采访时说："我想让游客的第一反应是'哇!',当他们第一次看到它的时候,就会被吸引到细节中,并参与其中——仔细观察花园里的植物和水。"而我确实如他所希望的那样,第一眼看去,为郁郁葱葱的林地中的黑木雕塑所震撼,只是犹如碳化的橡木雕塑没能让我联想到自然岩层,而是停留在烧焦的表象。眼前10处成组的黑木雕塑像是倒下的巨大身躯,在这身躯之上,新的生命在孕育发芽成长壮大。但这倒下的身躯,这巨大的身躯究竟是什么,是一棵因雷电引燃的参天大树?是在战火中倾颓的残垣?是曾经活跃于这片森林的远古巨兽残存的骨架?无论是什么,自然强大的再生力都迅速填满了这巨大身躯曾经统治的区域,可是,于一片欣欣向荣中我竟莫名有一丝道不明又挥之不去的哀伤。

直到2019年下半年,澳大利亚发生了一场几十年不遇的熊熊山火,持续的高温干燥助长火势持续燃烧数月,绵延数百公里。关于这场灾难,有一种声音引人争议——山火是森林的自然更替,广泛过火的桉树其实是喜火植物,其树皮富含芳香油极易自燃,其种子会在大火作用下开裂,进而生根发芽。还有图片列举过火后的桉树树干上已经有新的枝芽发出来了,

从而证明自然强大的修复力。事实是否如此我无从考证，起码听上去很有道理。由此发散出去，我们对地球造成的有意无意的伤害——过度采伐、碳排放超标、大气污染、温室效应，在自然强大的修复力面前，又似乎都能容忍。回想起多年前的大学课堂上，老师推荐了一部电影，名为《人类消失之后》，内容是假设人类因为不明原因消失了，自然在人类停止干扰后逐步夺回被人类改造污染的领域。当时老师说了一句令我印象深刻又不十分理解的话——这是一部为人类自我开脱的电影。澳大利亚这场山火让我忽然明白了M&G花园中为何有一丝哀伤，以及《人类消失之后》又是如何为人类开脱的。

自然确实具有令人震撼的再生力，能在倒下的巨大身躯上重新绽放宝石般的花朵，但再伟大的再生力也无法让倒下的身躯重新站立起来，葬身澳大利亚山火的数亿野生动物无法再生，本就濒危的考拉甚至有可能走向灭绝；自然或许能修复疮痍的土地，"消失的人类文明"却再也无法回来。

M&G花园中的森林秘境，既是林地、小溪，也有黑木雕塑，更是蕴藏在这巨大身躯中的奥秘——自然可以轮回不朽，却不一定是曾经的面貌。

生命的成长和再生主题通过一系列小水池和清澈的溪流贯穿了花园，并沿着巨大的英国铁石台阶，结束于一个宁静的水池。

摩根斯坦利花园

（The Morgan Stanley Garden）

设计：Chris Beardshaw
建造：Chris Beardshaw Ltd
赞助：Morgan Stanley
获奖：金奖

英国人对美丽花园的热爱
启发了摩根斯坦利花园的设计灵感，
花园在如何有效的管理资源，
并通过丰富的植物营造空间展开了探索。

品读人：翟娜

如果说切尔西花展是一场花园设计发布会，那么摩根斯坦利花园就是整场发布会中最值得学习借鉴的样本。

之所以这么说并非因为摩根斯坦利花园有多么超前的设计理念，多么独到的设计风格，恰恰相反，摩根斯坦利花园在其参与过的5届切尔西花展上，所呈现的作品可谓中规中矩，却又精美务实，可操作性极强，对于私家花园具有很好的借鉴价值。

在本届花展上，摩根斯坦利花园一如既往地关注于花园实践，着重探寻花园如何有效管理资源实现循环经济，以及怎样通过丰富的植物营造空间。

花园中最醒目的植物当属一棵倾斜严重的黑松，花园设计师Chris Beardshaw坚持将

它保留下来，并在园丁的帮助下挽救了它，使它茁壮成长。在进入花园的平台上，点缀着精心修剪成圆丘状的欧洲紫杉，并逐渐延伸至花园内部。黑松和紫杉的组合与传统日式庭院的有几分相似，但随之而来的花境打破了这一印象。

自然式花境簇拥着清浅的几何形水系，园路逐渐变得迂回曲折穿行其间，修剪整齐的山毛榉树篱围合场地，创造出边界的同时，古铜色的树篱无形中拉长了花园的景深，并为色彩丰富靓丽的草本花卉提供了纯净简洁的背景，犹如舞台幕布一般。穿插在花境中的欧洲紫杉呈现出棕黄色，与背景树篱色相相同但是明度更高，形成了前后呼应并延伸至远处的效果，灌木球的穿插也利于切割划分花境，避免花境

左页 自然式花境簇拥着清浅的几何形水系，园路逐渐变得迂回曲折穿行其间。

右页 花园设计师 Chris Beardshaw 保留了花园里一棵倾斜严重的黑松，并在园丁的帮助下挽救了它，使它茁壮成长。贯穿花园设计始终的是如何应用创新的技术材料，及营造和谐的植物丰富的花境，并避免浪费，创造更加轻松愉悦的花园环境。

面积过大，同时为相对柔弱的草本花卉提供支撑，能有效避免花卉倒伏相互倾轧。

穿过草本花卉区，两株豆荚树相对而立，飘逸的枝条相互交叠，对花园深处的凉亭形成框景。凉亭造型独特极具几何美感，仿佛由一片场地向上翻卷对折产生，这也是摩根斯坦利花园的独到特色——鲜花绿草大树凉亭，构思简约，却总能迸发新意。凉亭的细节由铜制格栅和背景墙上的圆形金属发光装饰物构成，木甲板深棕色的色调与装饰物保持统一，又更为厚重，精致的细节和铜制格栅低调的金属光泽，为凉亭带来了轻奢质感。

纵观全园，整体花境在配置上较为传统——高大乔木支撑空间，树篱围合界定场地，灌木提供骨架，草本花卉填充其中——这几乎可以作为花园植物配置的万用法则。传统之外，设计师对植物色彩的运用可谓炉火纯青，值得我们深入学习。花园的色调围绕凉亭的金属铜色为基础展开，背景棕红色的紫叶山毛榉树篱最暗，前景紫杉球在同一色系中最亮，一远一近、一明一暗，把控住整体色调，又拉开了空间距离。棕红基调的配置整体偏暗，但却不显沉闷，这离不开其中穿插种植的白色、粉色花卉和浅绿叶色植物。偶尔出现点植的橙色毛蕊花和鸢尾，更是花境的视觉亮点，和远处凉亭的装饰小品遥相呼应，硬景和软景相融一体。

除了植物配置，值得我们注意的还有贯穿花园的对新型技术材料的运用，营造和谐丰富花境，避免浪费，创造更加轻松愉悦的花园环境的经验见解。

营造绿植边界

选择树篱作为花园边界，相比硬质的围栏或围墙具有更多优势。常绿的树篱能在冬季为鸟类或小型哺乳动物提供一处庇护所；高大粗糙的绿篱还能有效阻挡甚至消解强风，减少冬季寒风对花园的破坏；足够密实的绿篱甚至能够阻挡野草的传播入侵。对于我国而言，北方地区的朋友可以选择的树篱相对较少，北海道黄杨、桧柏、刺柏是不错的选择；南方地区的朋友选项就大大丰富了，除了北方适用的植物外，法国冬青、红叶石楠等都是不错的选择。

选择适宜的植物

对于园艺爱好者而言，这条不难理解，却很难做到。选择适宜自己花园环境的植物非常关键，能够大大减少后期维护工作。例如，在通风环境不良的区域种植月季，遇到干热气候便很容易遭遇可怕的红蜘蛛侵袭；将喜光的植物种在背阴环境中，花少、无花、植株细弱徒长则在所难免。认清自己花园的小气候，理性地选择适合的植物，才能收获美丽的花园。

明智地建造水系

亲水似乎是出于人类的本能，园子里有了水就有了灵气，其实水景不止有利于观赏，也是昆虫的栖息地，以及可以为鸟类和小动物提供饮水。某些自然式的池塘，你甚至可以取水用来灌溉，更适宜植物生长。从屋顶和露台收集雨水补充水系也是个不错的选择，不仅能

左页　凉亭造型独特极具几何美感，仿佛由一片场地向上翻卷对折产生。

右页　花园整体为棕红基调配置，穿插种植白色、绯色和浅绿色植物，偶尔出现的橙色毛蕊花和鸢尾，更是视觉焦点。

右页　进入花园的平台上点缀着修剪成圆形的巨大灌木植物，并逐渐延伸到花园内部，从这里开始，小路逐渐变得更加迁回曲折，穿过草本植物区是两棵豆荚树，它们相对站立，再往前是一片有着几何美感的上下对折式休憩空间，墙面上圆形的装饰形成了视觉的焦点。

减少饮用水资源的消耗，还能降低爆发绿藻的风险。当然，选择哪种类型的水景也要根据花园风格和面积来定，自然式池塘的面积不宜过小，否则因为水量少，日晒之后升温迅速，对于水生生物而言是致命威胁。

减少改造中的浪费

在每一次切尔西花展之后，摩根斯坦利花园都会搬迁改建到其他地区，这次也不例外，展览结束后，花园将会被迁往伦敦东区，以造福当地居民。为了避免浪费，在动手建造之初就应有充分成熟的规划，如果打算建造园林构筑物，如阳光房、凉亭、廊架等，则要事先考虑好未来的使用场景，以确定形态规模。对于必须的拆除项目，也能通过回收利用来减少浪费，通过匠心巧手，说不定能创造出更加个性化的花园。

提高效率

　　智能设备的运用能够极大提升花园打理水平，可谓事半功倍。早期的照明系统，自动灌溉系统，到逐步深入的灭蚊系统，雾喷设备，技术的引入为花园生活创造了不少便利。难以维护的水景，有了过滤系统的引入，水质变得更加可控，与以往投放药物控制绿藻的方式不同，通过放置紫外线杀菌灯并有选择地培养硝化细菌分解水体中有机质，从而抑制绿藻产生，这种方式更加环保有效。

　　最后总结而出的是建造、维护花园都是一项系统工程，需要的不仅是对植物的喜爱，更要有各项技术支持。

林地恢复花园

（The Resilience Garden）

设计：Sarah Eberle
建造：Crocus
赞助：Gravetye Manor Hotel and Restaurant ,etc.
获奖：金奖

为了庆祝英国林业委员会成立 100 周年，这座花园探索了如何才能使森林景观抵御气候的不断变化和病虫害带来的威胁。林地恢复花园由 William Robinson Gravetye Charity 发起，汇集了丰富的专业知识来支持种植中需要的物种多样性，它以英国乡村为背景，以一系列丰富的外来植物和市地植物为特色，模拟了气候变化可能会影响到的栖息地植物的成长环境。

品读人：翟娜

英国林业委员会希望通过这座花园激发人
们对森林的欣赏。并向人们进一步展示了
森林的重要性，森林面临的问题，以及提
醒人们，为了地球和我们的子孙后代可以
持续欣赏美景，我们需要保护好自然环境。

气候变化对于我们普通人而言是个笼统的问题，多半只是在冬天不太冷夏天过于热的时候拿来做谈资，至于遥远的南北极消融的冰山和融化的冻土，以及因此而遭殃的北极熊，看到相关报道时也会很痛心，可是转脸也就忘了，毕竟我们也不知能做些什么，倒是即将逾期的花呗账单更加紧急，努力在蚂蚁森林多积攒能量种树也算是尽心了。

可是有这样一群人，他们或许不知道什么是蚂蚁森林，但却实实在在地思考着要如何种树以应对气候变化。

这是一座为了庆祝英国林业委员会成立100周年而建造的花园，设计师Sara Eberle说："气候变化正在对我们的环境产生毁灭性的影响，导致了极端天气对生态系统的破坏。我们的树木和森林在未来应对气候变化的斗争中发挥着极其重要的作用，我们必须照料好它

们。这项至关重要的工作将确保森林未来的健康发展，并使森林中众多的野生动物不会失去家园。"

谈到照料森林，我们的一般概念是防火、杜绝滥砍滥伐、多多种树，然而实际情况并没有这么简单。首先，气候异常引起的天气变化使得原本应该因为寒冷天气被抑制的病虫害更容易出现大规模暴发；其次，单一树种占主导地位的人工林抗病虫能力也单一，这就为病虫害的流行提供了更有利的条件，导致人工林在爆发性的病虫害面前不堪一击，往往全军覆没。而城市中的园林绿化因其规模过小，不能具备生态效应甚至都不能纳入森林范畴。

英国林业委员会正是希望通过这座花园激发人们对森林的欣赏和认知，并向人们进一步展示森林的重要性、森林面对的问题，以及提醒人们保护自然环境。

林地边缘花境依然由本土植物和外来植物混合而成，蝇子草、剪秋罗和蓝花亚麻都是英国本土的草甸常见的植物品种，穿插其间作为对比的红花蓝蓟和黄花赝靛、大戟，成为视觉焦点。

这座花园的建造灵感来自于维多利亚时代的先驱园丁Willam Robinson和他的野生花园概念。Robinson喜欢用不同的植物和树种做实验，这在现在虽然比较普遍，但在那时却是革命性的壮举。他还提倡一些公式化的种植，让花园更自由地融入周围景观，花园设计师Sara Eberle表示："虽然我并非模仿Robinson来设计这座花园，但他的理念和原则无疑给了我灵感。"

花园中主要模仿了几块自然生境，并遵循贴近自然的原则进行种植。

占据主要部分的是混生林地，其中包括外来树种如银杏、水杉、智利南洋杉以及本地树种山楂。自然界的原生林多为不同树种混交林，很少有像人工林那样成片生长着单一树种，森林树种保持稳定多样性能够创造出更加丰富的自然空间，从而为不同的野生动物提供适宜的栖息地，由此产生的生物多样性避免了虫害大爆发的可能。

林地边缘花境依然由本土植物和外来植物混合而成，蝇子草、剪秋罗和蓝花亚麻都是英国本土的草甸常见的植物品种，穿插其间作为对比的红花蓝蓟和黄花赝靛、大戟，成为视觉焦点。相比修剪平整却难以打理、需水量大、易退化的人工草坪，自然草甸无需维护依然可以适应各种恶劣自然环境并能有助于涵养水源。

花园中还模拟了一段溪边湿地，包括浅溪岸边以及河底碎石，河道中间偶尔出现亲水的竖向木贼，溪水两侧抗旱又耐涝的雨伞草、金

左页　花园中还模拟了一段溪边湿地，包括浅溪岸边以及河底碎石，河道中间偶尔出现亲水的竖向木贼，溪水两侧抗旱又耐涝的雨伞草、金莲花、小毛茛、莎草混生。

右页　花园中的金属构筑物为模拟雨水收集器。

莲花、小毛茛、莎草混生。如今城市景观中也常引入这种手法，用来建设雨水花园。干旱时期，抗旱植物无需太多灌溉，雨季来临时，下凹的小型湿地能够汇集并净化更多雨水，补充地下水资源，减轻城市内涝。花园中的小型金属构筑物据说正是模拟雨水收集器。

以上三种小型生境虽然无法囊括自然的所有状态，却在有限的空间内提供了科学的探讨方向，并以生动美丽的形式向人们宣传展示森林资源，这种对自然关切的态度、方式令人敬佩。

有一则令我印象很深的关于全球变暖的平面公益广告，画面上是北极的茫茫大海，海上只剩一小块浮冰，一只北极熊艰难而疲惫地坚持趴在上面，旁边配的文字是——关于气候变暖，你如果放弃了，它们也只能放弃了。普通的我们除了能为野生动物担忧、看到新闻报道着急、为他人的努力喝彩还能做些什么？

能做的其实很多。

远如出入境时遵守海关规定不携带活体动植物，防止外来物种入侵；近到日常接受有虫眼的瓜果蔬菜，接受地球为所有生物共享，不拒绝所有昆虫，从而避免滥用杀虫剂。强如人类，也不可能成为地球的主宰，我们可以通过引进物种来丰富地区植物资源，却也要谨记主观的改造行为必须遵循客观的自然规律，不可妄自尊大。

迪拜花园

（The Dubai Majlis Garden）

设计：Thomas Hoblyn
建造：Landform Consultants Ltd
赞助：Dubai
获奖：镀金奖

....

　　迪拜花园的灵感来自于干旱环境中的雕塑之美，终年被风雕蚀冲刷的沙丘和岩石，到人造的梯田和与梯田共存的植物。这个花园以沙丘为灵感，为青年提供了一个安静的聚会空间。

　　水源地连接着一个仿若绿洲的水池，隐喻着大自然克服障碍创造奇迹的能力，也潜在地反映了人们创新性的思考和挑战环境的能力。

品读人：楼嘉斌

这是由迪拜旅游局赞助、英国设计师托马斯·霍布林（Thomas Hoblyn）设计的花园。该花园的设计灵感来自于阿拉伯议会，议会大厦给来自不同社会背景，不同文化、国籍和年龄的人们提供了聚在一起讨论的环境。而对于花园来说，也是一个团结、协作和举办庆祝活动的场所。在这方面两者有着共通的地方，因此这也是设计师想要在花园中传达出来的阿拉伯议会精神——让来自不同地方的人们感受到阿拉伯文化的魅力。

设计师曾到访过阿联酋地区，观赏当地的景观后，他发现了沙漠地区由风和水影响后形成的美丽多变地形，所以便将这一沙漠景观运用到了花园景观中。

这个花园色彩很具有地域特征，白色和土黄色贯穿在整个花园中。两者穿插形成弧形种植池，多层次地叠加形成高低起伏的梯田式景观。

除此之外水也是花园中的一大线索。水从花园的最高处，一个具有弯曲路径的浇筑板中流下，经过坡地的冲击，最终汇入到低处的月牙形水池中。水池清澈见底，泛着蓝色的水纹，如同沙漠中的圣水一般，闪闪发光，透露着仙气。这也是花园中最为亮点之处，在白色和土黄色相间的花园中格外耀眼。周边植物的倒影映射在水面之上，见到它，就如同在沙漠之中见到湖泊一般，珍贵而又美丽。

有了沙子和水，沙漠中另一个不可缺少的元素就是火。设计师在与水池相对的高台上放置了一个铸铁火坑，象征能量聚集之地。

花园的尽头设置了一个凉亭，是由古代贝都因人传统凉亭演变而来。在当地凉亭是娱乐聚会、躲避风沙的地方。特制的弯曲结构，简约的造型，以及结尾处的处理，使人能感受到

风的力量和当地人的文化，这样的造型也是为了更贴近年轻人的审美，给年轻人在花园中提供一个沉思的空间。凉亭中铺设的具有当地文化特征的白色、蓝色地毯、靠枕，倚靠的墙上雕刻了英文和阿拉伯文，这是由11岁的Funneh Drammeh所写的诗，表达了朝圣者的理想。诗全文为：

池塘里的水，
心中的想法，
下雨时会有水积起来，
当您聆听时，新想法就来了，
水上升，
思想成长。
水会冻结，
思想可以关闭。
保持增长，保持成长，
容忍。

上图 水从花园的最高处，一个具有弯曲路径的浇筑板中流下，经过坡地的冲击，最终汇入到低处的月牙形水池中。

下左图 休闲区前侧还放置了一尊雕塑，三个抽象的小人排成一排，跟随而行走，描绘了游牧民族的人在沙漠之中行走的场景。

下右图 凉亭中铺设的具有当地文化特征的白色、蓝色地毯、靠枕，倚靠的墙上雕刻了英文和阿拉伯文，文字在墙上蔓延开来，五根灯线犹如藤蔓一般，装饰着文字。

左页 通往凉亭的石板路，两侧也是沙漠风的植物配置。
右页 休闲凉亭，整体的结构很有线条感，是现代的感觉，赋予了自然的材料。

文字在墙上蔓延开来，五根灯线犹如藤蔓一般，装饰着文字，让人沉思。在这样一个半封闭的休闲凉亭内，最适合思想上的交流。

休闲区前侧还放置了一尊雕塑，这是由雕塑家迈克尔·斯佩勒Michael Speller制作的青铜雕塑，雕塑名字为"跟随"。三个抽象的小人排成一排，跟随而行走，描绘了游牧民族的人在沙漠之中行走的场景，也是花园中另一具有人文气息的小品。

植物也是花园中的一大亮点，大乔木有枣椰树、石榴、杨梅、树莓、乳香树，草本种植了摩洛哥罂粟、百里香、薄荷，都是具有中东特色的植物。蓝色、橙色、黄色、银色植物组合形成具有地域特色的植物景观。当地特有的锈红色土壤和沙漠风的植物，一同形成岩石园的植物景观。植物种植相对宽松，尽可能地展现植物独有的姿态美，而不是通过密集组合形成多层次花境。银色、蓝色叶的植物被大量运用在花园之中，除此之外还有黄色系的花卉植物穿插点缀其中，提亮整体的花境色彩。为了体现花园中风这一元素，在植物搭配中运用了羽毛草，其柔软的叶片，能第一时间感知到风的走向，随风飘摇如羽毛般轻盈美丽。

花园中有很多旱生植物，能辨别出来的是黄金大戟、蓍草、花菱草、绵毛水苏、百里香，其在花园中重复出现，成为了焦点植物。岩生植物分布在水池周边，与水池一同形成绿洲景观，为干涸的沙漠带来了水源。

中东景观主题的花园还是能给人眼前一亮的感觉，可能是阿拉伯文化相对我们来说是神秘的，沙漠景观也是遥不可及的。越是少见的就会变得稀罕起来。

花园中让我印象最深的就是花园中心位置的月牙形水池。这是一种很纯粹的美，不涉及

左页　蓝色、橙色、黄色、银色植物组合形成具有地域特色的植物景观，一同形成岩石园的植物景观。

右页　通过挡土墙的设置来展现沙漠中沙丘的形态，艺术化的手法展现沙漠地形。

工业，不涉及人类开发的那种美，犹如我第一眼看到青海湖的感觉，有一种神圣之感。

其次吸引我的地方就是休闲凉亭，整体的结构很有线条感，是现代的感觉，赋予了自然的材料。与当下的花园风格、年轻人的审美是相符的。因而花园中带着现代和自然气息，还有一些文化的元素。墙上的诗词，在默默地表达设计师的心声，希望能借助文字的力量扣人心弦、引人思考。淡淡的文字也赋予了内涵，花园也变得有内涵了起来。通过挡土墙的设置来展现沙漠中沙丘的形态，艺术化的手法展现沙漠地形，这样的处理方式很方便人们的联想，也与主题达到了高度的契合。水源处的曲折路径，休闲亭处的三人雕塑，都在细节之处点题，也让花园中多了一些人文和形式化的东西。而这么多元素，设计师采用了不同的手法呈现出来，放置在花园的各个角落，如同讲故事叙述一般慢慢铺呈开来，让故事能徐徐展开，有了一种连贯性。这样在欣赏花园的时候，在行进中就能慢慢体会和感受。我觉得这样的设计手法很新颖也很实用，花园不再是一个可供欣赏的观赏品，而是一个文化的传承者。设计师将文化代入花园的手法值得我们学习，这种手法不是直观的表现，而是慢慢的渗透、委婉的转述，并利用了元素的象征。在一呼一吸中感受到花园的真谛。

绿手指慈善花园

（The Greenfingers Charity Garden）

设计：Kate Gould
建造：Kate Gould Gardens
赞助：绿手指慈善机构一位私人捐献者
获奖：镀金奖

这个郁郁葱葱的花园为人们提供了一个宁静的、令人精神振奋的空间，在这里享受临终关怀的儿童可以和他们的家人、朋友以及护工聚在一起玩耍、放松或者安静的思考。花园共有两层，通过两种方式上下：电梯和倾斜的人行道，是适合所有年龄段的人共同分享的空间。

品读人：楼嘉斌

当案

迂回的园路中间花池层次升高，丰富了花园的层次和空间。

绿手指慈善机构一直致力于为英国临终关怀医院的垂死儿童及其家人创建疗愈花园，20年里共建造了56个户外花园，且花园数量还会不断增加，而这个展示花园的目的就是让更多的人能看到疗愈花园的疗效。

花园整体错层式设计，选择绿色作为花园的主色调，意在通过自然色的作用，让在这里游玩的人们能放松心情、消减忧郁。错层的设计，让花园有了更多空间，增加了垂直空间的丰富度，延长花园的路径，可以延展更多功能来增加空间的趣味性。

为了给有需要的儿童和他们的家人、朋友提供玩耍的空间，花园中设置了多种休憩座凳，有苹果形的秋千椅，定制绿色长椅、网床，均受到了大家的喜爱。在这里能满足游憩者的多种休憩体验，无需拘束，轻松享受。休憩区都配上了户外靠枕，懒人沙发等软装用品，颜色也是紧靠主题色，让花园瞬间生活化起来。

考虑到特殊人群的需要，花园中设置了电梯和坡道，方便特殊人群的使用，这也是疗愈花园专为病人而设置的照顾之处，使其不受地形的约束，可以到达想去的任何地方，从功能设施上做到了照顾关爱群体的目的。这也是别的花园所没有的。

花园没有年龄限定，任何年龄的人都能参与，身体缺陷的群体也可以到这个花园中，感受平常人所感受之物，体验平常人所能体验之事。这也是这个花园的初衷，帮助心灵有疾病、身体有疾病的人群，还有他们的朋友、家

左页　因是疗愈花园，植物的选择上考虑带有香味的植物和果实的植物，这样能增加花园在嗅觉和触感上的体验，有毒性的植物都会被排除在外。

右页　花园的植物也是其中的一大亮点，植物组合是以白色、绿色为主色调，其间穿插柔和的柠檬黄色，让花园呈现出温和、宁静、纯洁之感。

人一起融入到花园之中，一起互动、玩耍，抛开身心的界限。

　　为了更好地观赏花园植物和景观，设计师对花园路径做了特殊的设计，采用迂回的道路设计，延长观赏路径，从而让人们能花更多时间来观赏植物和景观。迂回道路两侧植物落地而种，中间花池高起，增加空间层次的丰富度，也可以方便坐轮椅的参观者平视欣赏♪除此之外这个高度还能供参观者落座在花池边沿。休闲长椅挨着花池放置，花池边缘可成为落座者的靠背，植物高起遮挡私密，休闲区包裹在植物之中，有一种安全、宁静之感。

　　二层平台半悬挑而出，网床与秋千椅上下相对，为了营造舒心的氛围，设计师将此处的墙壁贴上了绿色调的墙砖，让此处有了室内般的感觉。二层花园整体是屋顶花园设计，植物均种植在钢板花箱中，通过乔木灌木的营造，形成围合空间。此处放置懒人沙发、户外沙发等家具，参观者可以在此落座，也可以在平台处俯瞰花园全貌。不得不感叹设计师设计的巧妙，花园占地面积虽小，但通过错层的处理，延展出了很多体验的空间，真正达到了小空间大利用的目的。

水景是花园中灵动的元素，这个花园中也拥有水景。水从二层平台的接缝处落下，沿着垂直建筑墙流下，墙面上固定有绿色的手形金属片，当水落下时，会带动金属片转动，墙上的金属片就像在招手一般，颇有趣味。

花园的植物也是其中的一大亮点，植物组合是以白色、绿色为主色调，其间穿插柔和的柠檬黄色，让花园呈现出温和、宁静、纯洁之感，虽不是严格意义上的白色花境，但也表现独特。一层花园两棵丛生乔木覆盖了一层花园上层空间，成为花园的焦点植物，一棵为欧洲山楂，一棵为四照花。二层花园乔木上选择了黑松、白桦、草莓树、君迁子、杪椤。乔木下采用了多种修剪成球的植物，大小搭配后形成植物骨架，配置的球形植物有欧洲赤松球、欧洲鹅耳枥球、山毛榉球、欧洲冬青球、龟甲冬青球、海桐球、红豆杉球，它们叶形质感各有不同，叶子颜色也尽不相同，且其中部分冬季落叶，虽然它们均被修剪成球形，但细看又各不相同，这样能避免用同一种植物带来的单调感，又能在形体上形成统一，保持整齐感。搭配的灌木植物有杜鹃、墨西哥橘、平枝枸子、火焰卫矛、栎叶绣球、香桃木、菱叶绣线菊、羽脉野扇花、蓝莓，均开白色花，部分还能观赏和食用果实。有的冬天能挂红果，比如平枝枸子，有的冬天叶色变红，如火焰卫矛。运用在花园中能感受到四季的变幻，虽然花色均是白色系，但花型、花量各有不同，植物的株型姿态各不相同，在观赏中就有不同的发现，与球类植物一样，能保持整体的统一，然后在细节上有细腻的变化。

下层植物也保持着一样的搭配宗旨，保持色调上的统一，在品种上有不同高低的搭配。根据查到的资料，搭配的白色草花植物有春黄菊、蕾丝花、百合、银莲花'野天鹅'、蒿'银女王'、心叶牛舌草、桃叶风铃草、荷包牡丹、铃兰、毛地黄、淫羊藿、天竺葵、野芝麻、羽扇豆、富贵草、芍药、花葱、玉竹、月季、鼠尾草、唐松草、黄水枝、绵毛水苏、白穗地杨梅。可谓是白色花境的典范。除此之外还穿插了黄色植物，阿米芹、欧白芷、耧斗菜、羽扇豆、鸢尾、芍药。看得出植物都是设计师精心挑选后搭配的，特别耐品。

如果细心观察能发现，花园还有一块热带植物区域，倚靠休闲区的夹角处设计师做了一组热带植物花境。以两棵飘逸的树蕨做主景树，在下方搭配热带植物交让木、枇杷、蔓绿绒、昆栏树等，让参观者感受热带植物的魅力。

因是疗愈花园，植物的选择上考虑带有香味的植物和果实的植物，这样能增加花园在嗅觉和触感上的体验，有毒性的植物都会被排除在外。路径和功能上也会以特殊人群作为考虑点。这个花园中的所有构件均是由社会人士捐助的，花园整体弥漫着爱的气息，让需要关怀的人们在花园中度过快乐的时光。

疗愈花园的兴起已有30年的历史了，它是将园林艺术和康复医学结合的产物，是跨学科之间的合作，现已成为园林研究方向中的分支。可以说花园是具有心灵疗愈功能的，花园中的游憩设施，花园中的美好景观以及植物组合，都能使人放松心情，愉悦心灵，从而更好地促进疾病的治愈。绿手指慈善花园就是一个比较好的疗愈花园案例，可以看出花园的设计初衷都是从疗愈者本身出发的，为他们提供

左 花园还有一块热带植物区域，倚靠休闲区的夹角处设计师做了一组热带植物花境。

右 花园中设置了多种休憩座凳，有苹果形的秋千椅，定制绿色长椅、网床，均受到了大家的喜爱。休憩区都配上了户外靠枕，懒人沙发等软装用品。

便捷的通行路径，愉快的交流平台，美好的景色，还能有五感体验。不仅是他们自身，他们的朋友、家人也能在花园中找到他们的乐趣，从而一起度过美好的花园时光，忘却病痛的折磨，徜徉在美好的花园景色之中。

疗愈花园在西方国家已有了比较高的热度，国内还未有广泛普及。我想随着人们对花园热情的高涨，疗愈花园也会渐渐进入大家的视线中，有更多的疗愈花园陪伴在有需要的人群身边，给他们带去喜悦和乐趣。

韦奇伍德花园
（The Wedgwood Garden）

设计：Jo Thompson
建造：Bespoke Outdoor Spaces
赞助：Wedgwood
获奖：镀金奖

品读人：楼嘉斌

Wedgwood 是英国知名的老牌瓷器品牌，创立于 1759 年，至今已经走过了 260 个年头。

为了庆祝 Wedgwood 成立 260 年，这座花园参考了创始人 Josiah Wedgwood 为他的工人建造的 Etruria 村庄，这座村庄被称为"花园中的工厂"。它是这个花园的创意源泉。该空间体现了创始人的企业家精神和创新精神，并以现代的艺术形式结合了古典主题来设计。

在花园过渡平台的前方有一座雕塑，雕塑形似叶片，也似海螺，简约抽象，容易引发参观者的遐想。

Wedgwood是英国知名的老牌瓷器品牌，创立于1759年，至今已有约260年的历史。这个花园由Wedgwood赞助，设计师为了庆祝Wedgwood成立260周年，引入了其创始人Josiah Wedgwood为他的工人建造的Etruria村庄花园中的元素，整体空间以现代艺术形式结合古典元素来设计，从而来体现创始人的企业家精神和创新精神。

花园整体是规则几何布图，水是花园中流动的元素，连接花园中的路径和休闲区。休闲区两面环水，石材汀步如同悬浮在水面之上，让人与水有近距离的接触。流水潺潺，植物倒映在水面上，倒影在阳光照射之下浮影波动。水池清浅，形成镜面感。

两组高低错落的古典式景墙是花园最为亮点之处。景墙的形式由欧式古典建筑演变而来，简化后保留了建筑中的立柱和圆拱，加以做旧的饰面，古朴之气扑面而来，顿时让这座花园有了岁月的痕迹。简化后的景墙结合了现代的材料——耐候钢，形式传承了古典的韵味，耐候钢的锈拙与做旧的饰面很好地融合在了一起，这样的处理方式让其显得更为亲切，拉近与现代人的距离，有种古典与现代文明直接的对话感。景墙的存在将花园空间进行了分割，原本开敞的空间有了围合之感，人行走其间，如同在建筑中穿梭。空间开阖有致，丰富具有趣味。立柱与立柱之间的圆拱又似画框一般，将花园外的景致框入成景，而行进中这景致随动而变，耐品耐赏。

花园的路径很简单，一条通路位于花园下方，汀步转折通向休闲区，再由汀步回到通路上。汀步与汀步间有过渡平台，可让人停下脚步，欣赏花园雕塑。汀步及过渡平台所用的石材上加入了水纹浮雕纹理，起到了丰富花园质感的作用。休闲区的铺装中加入了耐候钢板元素，以呼应整体的花园氛围，让耐候钢材料能有多方位的统一。仔细观察还有一处运用了耐候钢，那就是花园围墙。做旧的处理，让花园围墙颜色暗沉，富有年代感，与前方的植物形成颜色对比，更加突出植物的色彩，但其又比深色纯色更加凸显色彩层次，具有复古特质。在这样的花园氛围中，最为恰当好处。

在花园过渡平台的前方有一座雕塑，雕塑形似叶片，也似海螺，简约抽象。金属材料质感粗糙，有种钝拙之感，但其抽象的形态容易引发参观者的遐想，近可想象天地万物，远可上升精神内涵，没有确定的答案，随心境而变，随人而变。我想这就是设计师的设计初衷吧。

植物种植四面围绕花园，种植风格偏自然化。前侧以芍药、月季作主景植物，色彩丰富。后侧以阴生花境为主，以白色为主题。背景处水杉和红豆杉颇为震撼，作为古化植物成为花园中最显年代感的植物。

左页　休闲区的铺装中加入了耐候钢板元素，以呼应整体的花园氛围，让耐候钢材料能有多方位的统一。

右页　花园整体是规则几何布图，水是花园中流动的元素，连接花园中的路径和休闲区。

两组高低错落的古典式景墙是花园最为亮点之处。景墙的形式由欧式古典建筑演变而来，简化后保留了建筑中的立柱和圆拱，加以做旧的饰面，古朴之气扑面而来，顿时让这座花园有了岁月的痕迹。

花园整体给人以文化历史感，这与Wedgwood产品给人带来的感觉是一致的，具有历史积淀，传承经典，又能跟上时代步伐，勇于创新，这样的特质在花园中我们一样能够感受得到。这便是经典传承之作。

个人也比较欣赏花园中心区域的设计以及花园后方植物的搭配。每个元素都很低调，隐藏在花园的某处，细细观察时又能被其吸引，久久不能忘怀。花园的配色就如同舞台的聚光灯，突出中央的铺装区域，而四周笼罩在阴影之中，这样鲜明的对比让焦点被放大，主次分明富有景深。而深色的背景又能衬托绿叶，植物就被很好地烘托了出来，成为花园内的灵魂元素，是个既大胆又很巧妙的处理手法。

由此就联想到花园设计中来，颜色的运用真的可以改变空间的大小。白色不仅是很好的突出焦点的颜色，也是扩大空间的好颜色。之

前做方案时有一个40平方米的下沉花园，改造前花园两面被高大乔木围挡，三面墙体高耸且都是砖红色，站在下沉空间，让人感觉压抑，色彩暗沉。为了解决这一困局，设计中加入了白色元素和横向木包饰，对花园的围墙进行了全面的改造。白色提亮，横向纹路延展空间，40平方米的小空间顿时大变模样，视觉感觉空间大了一倍。白色又是百搭色，花境色彩能很好地与之相融合。仅仅是颜色的改变就能让空间有质的变化，尤其是小空间改造特别适合采用这样的方法。

说到白色，花境中的颜色混搭，白色也是很好的调和剂。当颜色主题饱和度过高，可以适当加入白色花卉植物来调节色彩，打散高饱和度颜色的比例，起到过渡的作用；另一方面它也是留白的处理，让色彩有个间歇的跳跃，减缓间奏，富有韵律感。所以花境中我们便能常

常看到白色花卉的身影，比如阿米芹、大星芹、鸢尾、飞蓬、大滨菊、山桃草，都是很好的混搭调色植物。东方文化中对白色或多或少会有些忌讳，以至于白色元素极少出现在东方风格的花园中。随着文化交流促进的影响，外国的花园理念被更多的人所接受，花园设计也开始了多风格的融合，一些以前不常用的元素也渐渐进入大家的视野中。所以，白色也不再成为忌讳的名词，现代东方花园里也会少量运用，来改变花园的氛围。其实恰到好处地使用，绝对是点睛之笔，而度则需要设计师来把握了。

耐候钢的应用在花园行业已不是新鲜事了，其独特的色彩，稳定的结构早已成为设计师的推崇对象，且其还能驾驭各种风格，不管是古典风、现代风、自然乡村风还是工业风，它都能在花园中展露头角，可谓是另一百搭神器。它的造型也千姿百变，可以规则式地利用，也可以做镂空雕刻处理，还能异形加工做成雕塑。锈表面随着时间的推移还会有颜色的变化，所以它不是一成不变的材料，可根据时间推移而变化。它能跳脱于其他元素，也能隐藏起来，衬托他物。这也是为何它广受宠爱的原因。

Wedgwood花园整体是现代的设计风格，简约的线条串联起花园中的多个元素，简中有繁，在铺装、构筑物和小品上做了特殊的处理，让花园独有特质。这样的花园风格现已成为花园设计趋势，花园主不被植物所累，又能欣赏花园，观察花园的变化，享受花园生活，已逐渐成为城市花园主的喜爱。

华纳酿酒厂花园

（Warner's Distillery Garden）

设计： Helen Elks-Smith
建造： Bowles and Wyer
赞助： Warner's Distillery
获奖： 镀金奖

....

　　这座隐蔽的花园为人们与家人、朋友进行社会交往提供了一个放松的场所。花园的中心是一个令人印象深刻的有遮蔽的空间，这个空间的设计参考自华纳酿酒厂位于北安普敦郡乡村的杜松子酒酿酒厂中心。

品读人：楼嘉斌

　　这个花园是由花园设计师海伦·埃尔克斯·史密斯（Helen Elks-Smith）设计的，灵感来自华纳杜松子酒的北安普敦郡农场。设计师受邀参观农场，之后被美丽的乡村景观打动，乡村中天然泉水从流淌到消失成为地下水的景观以及庄园中保留的梯田景观深深震撼到了设计师，设计师以此作为雏形，设计出了展园。

　　花园围绕L形亭子展开，亭子由石墙砌筑而成，有两个悬挑的屋顶，整体结构是受弗兰克·劳埃德·赖特Frank Lloyd Wright的流水别墅启发，进行了简约化的处理，层层叠叠的屋顶造型与流水别墅有着异曲同工之处。

　　而海伦的廊亭会更加"绿色生态"一些，屋顶上覆盖植被，种植耐旱植物来柔化屋顶线条，最大力度利用屋顶的种植面积。廊亭立面有着类似门和窗的设计，定制玻璃被镶嵌在廊亭立面之上，能隐约透出后侧植物的身影，玻璃上布满了类似于鱼、植物叶片、水草等图案，图案抽象又与花园相关。蓝绿色的木装饰形似门的存在，镶嵌在廊亭立面，与石墙形成对比，柔化立面结构，打散石墙给人带来的坚硬感。也成为一种花园遐想，似乎这不是廊亭，是建筑入口，推开门便能进入室内，由此也会在想象上拓展花园的实际面积，让花园"看起来"变得很大。这也是小花园变大的一种设计手法，虚拟、假想的物件加入，让人增加想象的空间。

紧挨着廊亭便是休闲平台，一桌两长椅便能进行家庭聚会和沟通交流。植物四面围合，形成美好的乡村景观。

水是花园中最为核心的部分。酿酒过程中会对水进行一个蒸馏的过程，这套蒸馏的流程被设计师巧妙地运用到花园景观中，通过花园的展示来科普酿酒工艺。当然水也是花园的灵动元素，水声能带来美妙动人的声音，这也是设计师所追求的花园意境。因此通过演化，将水转化为瀑布水、静水。通过设计的水渠和高差，将屋面上的水层层叠叠最终送入地表之中。水整体呈现出静静流动的状态，缓缓而落，声音也是轻而缓，不似瀑布之声那么宏伟壮阔，最终呈现出来的效果很好，受大家喜爱。

水流的过程是这样的，有两股水，一股水从屋顶上收集，流到下层水渠之中，再穿过墙体最终从墙体侧方流水槽进入地表。另一股通过地势进入廊亭中央的"烟囱"中，水从一串

左页上　屋顶上覆盖植被，种植耐旱植物来柔化屋顶线条，最大限度利用屋顶的种植面积。

左页下　花园围绕 L 形亭子展开，亭子由石墙砌筑而成，有两个悬挑的屋顶。

右页　定制玻璃被镶嵌在廊亭立面之上，能隐约透出后侧植物的身影，玻璃上布满了类似于鱼、植物叶片、水草等图案。

水是花园中最为核心的部分。酿酒过程中会对水进行一个蒸馏的过程，
这套蒸馏的流程被设计师巧妙地运用到花园景观中。

水也是花园的灵动元素，水声能带来美妙动人的声音，通过设计的水渠和高差，水层层叠叠最终送入地表之中。

铜"鳍"中流下，如此将模仿华纳杜松子酒的制作工程，汇集到烟囱底部的水池后，再通过三个铜"鳍"流入侧边的长方形水池中，水池引水流入地表。仔细观察的话，便能发现，每个鳍片都有许多不同大小的孔，水必须穿过它们而往下流，这样就发出柔和的涟漪声，在周遭安静的环境中，这样的声音便如同自然之声一般，清丽而不喧闹。

水槽均是用铜制成，这与酿酒厂所用的材料是相同的，当然这样一套流水装置是很难实现的，需要精度上的准确和反复的实验来完善，这也是花园的难点。

植物的选择上设计师选用了鸟类、蝴蝶、蜜蜂喜欢的植物来种植，还有就是华纳酿酒厂区域的地方性植物，这样能让花园更具有特征性。屋顶上种植的多是景天类及其他多肉植物，这些植物它们需要的覆土量少，且能耐旱，喜欢阳光，在贫瘠环境下也能很好的生长。所以是最适合屋顶的覆盖植物。花园内的植物以紫杉球作骨架，碎花类植物打底，形成乡村野花花境组合。有薰衣草、鼠尾草、大花葱、大戟、百里香、鸢尾等植物，色彩以蓝紫色调为主，间或搭配复古色来增加色彩质感。因此花境没有特别跳跃的颜色，整体让人看了赏心悦目。

设计师的灵感之一流水别墅，是20世纪30年代的作品，也是世界经典建筑之一，被收录在多本建筑教科书中，其别墅外形强调块体组合，有极强的雕塑感。楼层高低错落，高耸的片石墙从底部交错穿插在平台之间，能感受到建筑的力量感。溪水由平台下流出，建筑与溪水、山石、树木自然地结合在一起，如同自然而生。展园的廊亭也是由多个体块组合而成，烟囱区域将两侧的屋顶穿插起来，水由结构缓缓往下流。如果花园中再有一个天然池塘，屋顶的水能汇集到池塘之中，那花园的景观就会更加自然化。廊亭的结构相较于流水别墅，还是柔和了许多，没有流水别墅这般苍劲有力，体块的穿插感也不似那么强烈，这样的处理就会更具有生活化，但视觉的冲击感已经达到了，科普教育的功能也在廊亭中巧妙地融合了。

水是这个花园最为出彩的部分，你可以看到水在廊亭中穿梭的身影，能看到其消失、出现最终又消失的过程。未见水你还会疑惑水去了何处，在看到水后又会明白原来是这样的巧妙，花园由此就多了一丝乐趣。设计师在水流过程中还做了声音的处理，所以不同阶段你将听到不同的声音效果，这样水在观众面前就变得活灵活现，带来了新鲜的体验感。

花园中水是一个不可或缺的元素，其也有不同的演绎手法，但极少会在声音上来区分水的形式，这也是这个花园最为动人之处。设计师如此多的巧妙设计，值得我们反复回味。

"未被发现的拉丁美洲" 花园

('Undiscovered Latin America' Garden)

设计: Jonathan Snow
建造: Stewart Landscape Construction
赞助: Trailfinders
获奖: 银奖

受南美洲温带雨林的启发,花园建在一个陡峭的斜坡上,覆盖着郁郁葱葱的植物,花园完全模拟了温带雨林的种植环境,如高强度降雨、凉爽的温度、潮湿的环境等。瀑布流入水池之中,引人注目的红色走廊蜿蜒穿过花园,瀑布周边环绕着各种植物。

该展示花园的目的是提高人们对南美洲脆弱的温带雨林生态系统的认识。

品读人:楼嘉斌

　　这是一座具有拉丁美洲风格的花园，设计师受南美洲温带雨林启发，将雨林内的景观引入到展园之中，种植具有拉丁美洲特色的植物，通过这个平台，让更多人认识到南美洲温带雨林的脆弱，让更多的人能参与到保护温带雨林的队伍中来。

　　还原温带雨林最直接的元素就是水，花园中一大部分面积就是池塘，两道飞瀑从高山上飞流而下，跌入到下方的池水之中。高山上植被茂密，石块堆叠形成巨大的高差，植物种植在石块缝隙中，模仿陡峭的崖壁上植物生长的模式。

　　花园中架设了一条钢结构人行道，鲜艳的红色成为花园的焦点，吸引了观展人进一步踏入。人行道贯穿花园，在桥上人们可以近距离观赏飞瀑和峭壁上的植物，能与它们近距离接触，如同身处雨林之中，感受自然带给人的气息。当水声、植物的气味在耳边和鼻间传播的时候，眼中的景象就会变得更为立体，人们也会更容易地记住这一刻。不得不说这就有了五感花园的感觉了。

　　设计师设置人行道的灵感是来源于智利国家公园，公园中有许多方便游客近距离观赏植物而建设的木质走道，这样的方式可以框定人行走的路线，最大程度地保护雨林，但同时又能使人更好地观赏雨林植物的状态。所以，展园以艺术化的处理方式将这种走道复原在展园中，也是一种信息的传达，让人们能更多地关注雨林，保护雨林生物。

花园中使用了两种南美洲典型的树——南山毛榉和智利南洋杉。大型沙椰和蕨类植物也是花园中最具特色的植物，在潮湿的环境中，蕨类植物是最容易生长的，因此设计师种植了大量蕨类植物在崖壁上。灌木植物选择了倒挂金钟、小檗属和鼠刺属植物。下层植物则选用了六出花、蒲包草、大叶蚁塔、根乃拉草、水杨梅、智利豚鼻花、丽白花，都极具南美洲特色。另外在树木的表皮上，设计师还种植了西班牙苔藓，将空气凤梨悬挂在树枝上。这样能更加真实的表现温带雨林内的生物生长方式。

花园内的植物大多数是英国苗木商提供的，有少部分是智利的专业供应商提供的种子，带到英国培育种植，由此才让这个花园更加具有南美洲气息。

与别的展园不同，这个花园是自然的模仿，一草一木一石一水都源于自然，虽由人作，宛自天开。设计手法、技巧在这个花园里都不复存在，设计师得放下这一切，更好地感受自然，然后将其还原到花园中。不得不说，这样的设计难度更大，需要设计师有一双善于发现的眼睛，一颗热爱自然的心。

自然主题的花园如今也越来越受到大众的

左页 花园中架设了一条钢结构人行道，鲜艳的红色成为花园的焦点。

右页 设计师设置人行道的灵感是来源于智利国家公园，公园中有许多方便游客近距离观赏植物而建设的木质走道，这样的方式可以框定人行走的路线，最大程度地保护雨林，但同时又能使人更好地观赏雨林植物的状态。

推崇，随着科技的发展，周边的事物变得越来越发达和强大，这时候人们还是有些怀念"原始状态"时候人们的生活方式，更加向往自然所赋予的力量，想要回归自然，回归心灵的居所。城市花园的设计渐渐也受其影响，变得去设计化，引入自然感。过度的设计让人审美疲劳，自然的状态让人历久弥新。这也是为何切尔西花展的花园普遍都带着自然的元素，更多的展园开始走自然风格的原因。

自然风格的花园不仅仅体现在植物种植搭配上，还有铺装材质、构筑物形式，甚至影响到花园的功能设置。铺装上多数人会选择自然状态的石材，少机械加工，去人工化。本土开发的石材是最好的选择。石材可平铺，也可砌垒，勾缝最好是原始材料，少用水泥。这样呈现出来的状态很原始、很朴素。构筑物多选择木质，少量可以点缀耐候钢板制品，颜色的选择上都是饱和度低的，贴近自然的颜色，这样呈现出来的效果很舒服，很自然。而功能设置上便会释放空间给植物，休闲区尽量缩小面积。设计师选择一块野花草坪留白，人们可在草坪上游憩也可观赏平坦的草坪。自然风的花园草坪的选择也会自然一些，草坪中夹带着蒲公英、飞蓬等野花，待到花期时，绽放的时候是绿上点点的白色，十分惹人喜爱。在自然中生活，修剪完的枯枝、藤条、残花、落叶都是花园的宝物，都能一一利用起来。菜地也是必需品，体验自给自足的快乐。而植物的搭配就会有多种可能了，随园主而喜好。做到以上几点，你的花园就有自然的影子，并逐渐向自然风靠拢。

花园中的智利南洋杉是南美洲典型的乔木。

英国的气候和举国花园氛围的培养，自然花园很容易落地生根，植物的状态也很容易维持。而对于我们国内来说，就会相对有些困难了，尤其是北方花园，干燥的环境需要长期浇水来维持花园整体湿度。国内花园也才刚刚起步，没有很好的技术、材料扶持，都是举步维艰的状态。因此当看到国内园主的美图时，都是诧异和感叹其付出的辛苦，这样的花园也会成为大众追捧的对象。所以有一些花园园主在权衡了利弊以后，渐渐倾向好打理的花园。在植物上会精简一些，但整体的花园材质、颜色、构筑物等还是保持自然的格调，这样的花园会减少人力付出，园主就会有更多的时间来欣赏花园了。

好打理的花园一般会多用花灌木，减少草花的比例。草花也会种植皮实、好管理的品种，如鼠尾草、马蔺、鸢尾、美国薄荷、金鸡菊、大滨菊、大花葱、泽兰、地榆、大吴风草等等。它们不需要太多的管理就能茁壮成长，是比较省心的植物。如果还是嫌麻烦的话，可以选择种植一二年生的植物，每年替换，就会省去打理的麻烦。另一种好打理的花园是"球球花园"，通过大小不一的灌木球组合，来装饰空间，偷懒的话可以一年修剪两次，这样能保持四季常绿，干净整洁。如此，花园主就能偷得浮生半日闲了。

说到自然风，很多园主就想要一个自然生态池塘。在英国，生态池塘已不是什么新鲜事，两人在家就能DIY一个大水池，这是因为他们有成熟的设备。如今这样的设备也已引入国内，无需混凝土浇筑池底，无需等待多日，几个人便能轻松搞定，3天生态池塘便完成了。科技的发达，让一切想法都能简单实现。如果你也喜欢自然风花园，那就着手行动吧。

第一太平戴维斯及大卫·哈伯花园
(The Savills and David Harber Garden)

设计：Andrew Duff
建造：Dan Flynn
赞助：Savills and David Harber
获奖：铜奖

花园展示了城市空间中的树木、草地及环境效益。描绘了城市花园中如田园诗般的林地空间，展示了花园可持续发展的特色，包括各种各样的树木、可以净化空气的城市湿地空间、垂直绿化等等。

品读人：林善媚

在城市化进程中，人们对城市绿地的追求从未改变，关注度越来越高，特别是与自己息息相关的社区绿地或私有附属绿地、花园等。而且人们越来越深刻认识到绿色或自然给我们身体和心理带来的治愈作用，所以重视城市绿地规划设计，保护城市绿地和大自然，不破坏自然，与自然和谐共处，持续发展，一直都是人类的重要课题。在这样的大环境下，在小花园中要怎么践行这样的宗旨，我们将在这个花园中找到答案。

这个花园是由设计师Andrew Duff和雕塑家David Harber，联合第一太平洋共同打造的展园。Andrew Duff希望花园能成为一个宁静的地方，一个让人放松的空间。花园中没有修枝、剪草、打扫的压力，彻底解放维护管理的工作，让打理花园成为一种心灵放松和愉悦的事情。这是一座为心灵、身体和灵魂而造的花园。

这个花园的设计原型是自然的林间空地，探究其原因可能有二。一是森林被称为地球的"肺"，其空气条件比其他自然环境的氧含量更高，具有一定的舒缓压力的作用。这也是近年来有些地方出现"森林疗法"的原因；二是自然林间空地是地质运动或气候因素造成的，由于植被的变化，丰富了森林系统物种多样

左页 花园的一个关键点是中央水池，叶子形状的雕塑矗立于水池中央，它的灵感来源于周围的林地环境，植物的叶影倒映在水面上，如同在水面上颤动、飞翔。3.5米高的青铜雕塑由 David Harber 设计，利用光线的变化，在水面上创造出美丽斑驳的图案。

右页 设计师在展位边界线处设置 L 形立体绿化墙作为花园的绿色环境背景，让游人远眺看到的满是绿色，看不到周边多余的城市景观，仿佛置身真实的林地中。

性。这两点从设计上契合主题的要求，而森林环抱的自然林间空地，仿佛是世外桃源，人间的仙境般存在，能在城市中体验到这样的景色也成为人们向往。

想象一下自己漫步于一座大森林之中，虽身处大自然，头顶一片天空始终被遮蔽，时间长了或许会有压抑的感受。而前面突然看到一片光，走近视野豁然开朗，一块开阔的空地，前面或有湖泊或有溪水，静静生长的各种植物，远处的大树和高山，一切景色尽入眼帘。之前路途的疲劳会随之消散不见。若在此时能有一根卧倒的横木，可以坐下来喝上一杯茶，岂不快哉。而看到这个展示花园完全符合我脑海中的幻想。四周环绕的绿，一方宁静的水，一把舒适的椅子和安静生长的小花小草，一缕

晨光穿过高大的树木，落入到水池中。谁能想到，这只是城市绿地中一个小小的花园呢。

为了营造这种氛围，设计师在花园中种植了18株成品规格大乔木，有桦叶鹅耳枥、欧桤、栓皮槭、榛和桤木树。之所以选择这些品种，也是考虑到现状下的大城市建设。我们生活的环境或多或少存在着空气污染，而这些植物品种都是抗空气污染的品种，具有一定吸附空气污染物的能力，起到净化空气的作用。大树环绕，并对污染的大气进一步隔挡，从"形"上靠近林间空地。但是想要在切尔西展位有限条件下，更大化地实现想要的效果，设计师在展位边界线处设置L形立体绿化墙作为花园的绿色环境背景，让游人远眺看到的满是绿色，看不到周边多余的城市景观，仿佛置身真

实的林地中。

　　设计师在花园中种植了约1000株植物，整体色调以乔木叶子的绿色为主，搭配草地中和水池周边柔和白花的峨参，穿插一些柠檬黄色的小花毛茛和水生黄花鸢尾，远看林地草甸，犹如散落的光斑一样，只有走近弯下腰看才能发现这些静静开放的小花。虽然花园的植物量不少，但是大乔木和草甸式搭配为主的种植方式，不仅降低打理频率和难度，还减少花园灌溉次数，减耗又环保。

　　这个花园中另一个环保设计是，地面铺装方式采用完全生态环保的方式——可渗透地面。石材铺装间隔种植草坪，减少地面径流，让自然的雨水经过湿水植被层过滤，回

远看林地草甸，犹如散落的光斑一样。

流到土壤之中。这样能减少城市中因遇特大降雨、地表径流过大但不能及时排水而造成积水甚至水淹的状况。这样的设计，让打理这个花园的工作量降低到了极致，完全自然化管理，真正达成设计师说的"花园打理毫无压力"。

花园里令人眼前一亮的是水池中的雕塑。雕塑家 David Harber 在和设计师 Andrew Duff 沟通设计概念，得知需要营造一处静谧的自然绿阴，因此雕塑不能过于凸显，抢了整个花园的目光。它必须和花园的其他元素完美搭配，和谐融入其中，一切仿佛是自然般的存在。感慨于这些植物的叶子对空气净化的"神奇功能"，David Harber以"神奇的叶子"为原型，设计制作了这个雕塑。雕塑高达3.5米，金属铜材质，细长造型银白色，坐落池中，像是一个出水仙子。其表面的凹凸纹理倒映在水池，光影明暗交替，如波光粼粼一般。

在这个小小花园的设计之中，设计师利用乔木给花园安装了一个"肺"，用水池给花园安装了一个"肾"，乔木是二氧化碳的消耗主力军，同样也能释放出较多氧气。而水池（湿地）能为花园带来小生态，这也是设计方案得到了牛津大学环境变化研究所认同的原因。这样生态环保，并从实际上益于花园使用者身心健康的设计，值得我们借鉴和学习。

World Garden Design Classic Case Analysis

工匠花园

ARTISAN
GARDENS

家庭行动周年庆花园
（Family Monsters Garden）

设计：Alistair Bayford
建造：Idverde
赞助：Idverde, Family Action
获奖：金奖、最佳工匠花园奖

　　该展示花园是为了庆祝英国家庭行动慈善机构（Family Action）成立 150 周年，以及 Idverde 支持全国各地社区的建造和景观维护 100 年的历程。

　　这个空间展示了当今世界每个家庭所面临的生活压力，以及每个家庭面对这些压力挑战的历程。从财务问题、健康问题到幸福问题，从缺少相处的时间，到如何沟通问题和解决争端，这个花园把这些隐藏的问题公开化提出，并试图通过它的方式提供解决方案。

品读人：楼嘉斌

设计师在休闲区正面设计了净水池，水面静止，能看到池底，周遭的景物也能倒映其中，水面犹如一面镜子，照射着在座的人们。

每个家庭都会面临一些挑战，包括财务危机、健康问题、教育问题等，但缺乏沟通的时候这些问题就会被放大。设计师通过花园的方式，来揭露这些家庭中隐藏的问题，将其坦诚曝光出来，摆在明面上。家庭成员之间面对面坐在一起共同解决家庭问题，释放压力，共同促进家庭的发展。

如此内涵深刻的主题，设计师是如何与花园结合的呢？

首先为了能让家庭成员坐在一起共同解决家庭事务，设计师在花园中设置了一块休闲区，休闲区内放置长椅，足够全家人就坐。为了能更好地使人沉静下来，反思各自的问题，设计师在休闲区正面设计了净水池，水面静止，能看到池底，周遭的景物也能倒映其中，水面犹如一面镜子，照射着在座的人们。

休闲区和水景池被包裹在花园中心，弧形道路旋转而上，从入口引领人们进入花园。行进的过程，便是心灵沉淀的过程，使人抛开浮躁之心。花园360°可观，没有特定规律的形状，这代表没有约束力，没有限定的家庭生活，家庭是具有多样性的，每一个家庭都有他们的特质，家庭与家庭之间都不是相同的。

花园没有围墙分隔，采用白桦、榛树围合形成半私密空间，相较于实体围墙，会更加通透，若隐若现。这两种植物代表了年轻一代，而高大沧桑的松树象征着家庭中的老一代，老幼植物结合也体现了家庭结构。地被植物搭配了多种颜色的花卉植物，从而来体现家庭的多样性。

花园的材料也比较朴素，以耐候钢作为主要材料，围合水景和种植花池，成为花园中比较焦点的颜色。与之相配的浅色砾石、景石和

白桦的树干，形成颜色上的对比，让各部分的材质都能突出其鲜明的特质。

休闲平台抬高处理，道路自然坡度向上到达休闲平台。水池边缘与平台等高，平台抬起立面采用石笼修饰，景石散置分布在小径之上。休闲长椅以原石为支撑，弧形定制木条固定其上，是自然与人工的结合。座椅上雕刻"Let's face our family monsters together"点名主题。植物搭配呈现自然状态，模仿林下景观。

这个花园面积很小，所有的景观都集中在花园中心，能一目了然。花园中心是一个很聚合的空间，包围性很强，能让人迅速冷静下来去思考和交流。这也是设计师想要实现的目的，让这个花园中能充满这样的氛围，来一起解决主题所传达的问题。

翻找资料看到设计师的设计主题时我觉得是一个很虚无缥缈的主题，反映的是一个社会问题，家庭人与人之间的问题，然后心中就有疑问，这样的主题要怎样去和花园来结合，客观地来说这个花园的解决方式还是有些牵强的，没有文字的叙述、设计师的阐释，是无法

右页 休闲长椅以原石为支撑，弧形定制木条固定其上，是自然与人工的结合。座椅上雕刻"Let's face our family monsters together"点名主题。

Let's face our family monsters together

将花园与主题挂钩的，仅仅从座椅上的刻字是不够的。观赏者会一头雾水，面对花园会只在于眼前的景物，而不会涉及更深层的内涵，这样便不是一个优秀的作品。一个好的花园对于主题的体现应是循序渐进的，可直观的表达，也可含蓄的影射。但值得夸耀的是这个花园创造了一个很好的交流空间，四面围合的场景，螺旋状的路径，引导人进入到花园中心。路径的引导具有很强的目的性，弧形水景也具有聚拢的效果，从而吸引人们对其进行关注。

此外花园的施工工艺很好，花园是由不规则的弧形组成的，这需要工匠的技艺。花园中弧线流畅，与平面高度符合，能看出耐候钢板的水景和花池是由整材组成，极少看到拼接缝隙，所以也能说明工匠技艺之高超。虽然从表面看起来是很简单的效果，但其中却蕴含着极大的技艺水平。

现在花园也逐渐扮演着解决社会问题的角色，帮助现代人排解压力，摆脱电子产品，增强人际沟通，鼓励人们加入到园艺劳作中来，倡导人们拥有自己的花园。花园中能提供多姿多彩的玩耍活动，也能种植瓜果蔬菜，还能观赏花卉，老少皆宜，没有年龄、性别的限制。在花园中大家都是平等的个体，享受花园带来的五感体验。花园是家人团聚的场所，是家人谈心畅聊的集结地。不同的家庭成员能在花园中找到各自的兴趣，一起玩耍，共同享受美好的时光。

因此展园中想要展现的主题是可以在花园中实现的，可能需要更多的功能辅助，来拓展主题的需要，更丰富地展现以家庭为单位聚在一起的场景，而不是单一的植物、水景、座凳就能展现的。花园现在呈现的感觉是有一种压抑、逼迫的感觉。但我觉得解决问题需要更为舒心的环境，温和的色调，幽暗的灯光，这样能更加触发人们内心深处柔软的神经，更加能促使内心秘密话语的表达。为何狭小的茶室更让人愿意交流，更能袒露心声，我觉得就是氛围的营造很到位，加上环境的私密性。人都是有自我保护意识的，在静谧、私密的空间能让人放下内心的芥蒂，然后再通过引导便能说出肺腑之言，所以一个好的交流空间，它首先就需要一个好的氛围。

氛围、场景合意，问题也就迎刃而解了。所以，一个好的设计师还是个好的心理师，他能洞悉使用者的内心，在设计中将使用者的需求巧妙地添加进去，从而更好地服务于使用者。花园一定是可以量身定制的，花园只适合于使用者。

拉回到展园中，花园是能解决家庭问题的，设计师抛砖引玉，引起了花园界的关注，也从他自身的理解做了一个尝试设计，我想解决问题的方法还有很多，我们需要继续探索。

右页　花园没有围墙分隔，采用白桦、榛树围合形成半私密空间，这两种植物代表了年轻一代,而高大沧桑的松树象征着家庭中的老一代，老幼植物结合也体现了家庭结构。

绿色开关

（Green Switch）

设计：Kazuyuki Ishihara

建造：Ishihara Kazuyuki Design Laboratory

赞助：G-Lion

获奖：金奖

这座日式风格花园代表的是可以帮我们释放现代城市生活中的压力的居住空间，在这里可以安心做我们想做的事情，比如说，静心享受大自然。

品读人：马智育

左页上　园中山水造景手法透显出浓浓的日式风格。　左页下　茶室下面的停车位。

右页　每一块叠石，每一株花草，都经过创作者精确地坐标定位。

　　品评石原先生的作品，是没资格的，只有试着来"品"，这里的"评"也只是品的延伸。我在2017年的切尔西花园展上，幸遇到石原的作品"没有围墙，没有战争"。他的作品你可以细细的看，目不转睛看三天，也不厌倦。一棵草，一粒石，都值得阅读寻思。那年我在他的作品前，被众人裹挟着什么也看不清楚，索性从人缝中钻到最前边，席地而坐，直溜溜竟观赏了三个小时，结果一张照片没有留下，到现在情景还深深刻在我的脑海里。

　　2019年的"绿色开关"除了主题和构筑物结构有所变化，石原极致的山水造景手法依然让人赞叹不绝。山溪秀雅，水丰草美，每一块叠石，每一株兰花，包括清澈水底的每一枚石片，都必然经过创作者的巧妙构思，如同一草一石都经过精确地坐标定位，差一寸跑偏，多一分不合，把自然之美惟妙惟肖地表达到淋漓尽致。石原先生的作品绝顶是来源于自然，而高于大自然，让人赏心悦目，又极富艺术之美。"绿色开关"所要表达的主题是：从现代城市生活的压力山大，直接"切换"至自然秘境之中，让人沉醉在山水中，细阅自己无忧无

"绿色开关"花园是两层的结构，景天毯覆盖着屋顶，玻璃墙的茶室，以及茶室下面的停车位，还有茶室的另一侧设置了玻璃淋浴间，这些都是城市生活的象征，而在这些结构的周围是两个秀美的瀑布。

虑的光阴。

正像石原先生其他的展示花园一样，通过花园的构筑物诠释不同的主题含义。"绿色开关"花园是两层的结构，景天毯覆盖着屋顶，玻璃墙的茶室，以及茶室下面的停车位，还有茶室的另一侧设置了玻璃淋浴间，这些都是城市生活的象征，而在这些结构的周围是两个秀美的瀑布，流动的水声和涟漪，飘逸的枫叶及摇曳的水草，环绕在这些结构的周围，相互掩映，转步之间，可从城市信步诗画间。

"人道我居城市里，我疑身在万山中"，"绿色开关"，瞬时扭转，把被钢铸水泥层层围困的"兽"，转头如仙境里的"神"，极致之美让人痴醉，天上人间，一时哪里拎得清楚？！

运动神经元疾病协会花园
（Motor Neurone Disease Association）

设计： Sue Hayward
建造： Soar Valley Services Ltd
赞助： Based on an idea by Martin Anderson MBE,
　　　founder member of the MND Association
获奖： 金奖

经过了多年的努力，这个虽然越来越凌乱，但却完全不失可爱的花园正在被大自然重新塑造。园区内标志性的英国手工打造的跑车对车主来说就像花园一样充满了激情，这座花园是园主为了享受积极的退休生活做的准备。

这座无人照料的花园反映了患有运动神经元疾病的病人生活的局限性，他们的思维和感官依然活跃，但身体机能却在衰退。

但花园主仍然可以享受这座花园的美好。自然的氛围已经令它成为了野生动物的天堂。

品读人：谢雨菡嫣

花园里的常景是一辆崭新的红色三轮车，它停在车库里，模模地较大自然堆满

花园的角落里有一些金属容器，它们被回收利用，变成了水景。

"冰桶挑战"这一名词相信对于大多数人来说都不陌生，这是一项旨在让更多人知道和了解"渐冻症"这一罕见疾病，同时达到为"渐冻症"患者募捐目的的一项活动。而作为一位"渐冻症"患者最痛苦的，莫过于"思维和感觉仍然活跃，而身体却在逐渐衰退"。这也是"高维护花园"主人的痛苦——面对自己操劳一生的花园，想要去修理却心有余而力不足。然而，也正是因为这种肉体上的限制，意外地创造出了一番别样的风景——花园被自然的力量任意改造，野性的力量在滋蔓生长的植物间展露与释放。

赞助商Martin Anderson MBE在切尔西花卉展上首次亮相将近20年后，又回来参展，且正值他慈善事业的第四十周年纪念日。Martin是1979年初加入联合国，发动运动神经元疾病

协会的少数人之一。今年的展览园对所有他相识的患者表示敬意。

花园的中心是一个标志性的1938-摩根三轮车，现在主人已无法再使用它。半年前，Martin在特伦特纽瓦克附近的一个村子里发现了一个被拆掉的经典阿斯顿MartinD5。Martin说："这播下了一个想法的种子，这个想法现在已经转变成了我希望在切尔西花展上真正吸引眼球的地方。我们冒出了一个在花园里使用阿斯顿Martin的想法，但是当我们意识到它们花费了大约一百万磅时，我们改变了主意。"

在2019年的切尔西花展上，Sue Hayuard的"MND协会的高维护花园"，赢得令人垂涎的工匠花园类别的金牌。花园的设计是基于一个想法，展示花园回归自然的理念。因为运动神经元疾病的影响，Martin拥有

了多年不用花时间打理的花园。这座花园展示了花园主因身体虚弱而无法从事园艺，意外收获自然洗礼后的美丽花园，因为自然所以就更自然了。

花园里的亮点是一辆漂亮的红色古董车，它停在车库里，慢慢地被大自然填满，红色的玫瑰、绿色的草和橙色的菊逐渐占据了整个空间。这款标志性的手工打造的英国跑车对花园主人来说有着同样的热情——这是他一生都在

为享受和积极的退休生活做的准备。无人照料的花园反映了患有运动神经元疾病的人维持它的局限性：虽然思维和感觉仍然活跃，但身体却在衰退。业主仍然可以在视觉上享受花园，感受它的美丽和氛围，花园不受约束，渐渐地变成野生动物的天堂。可以将这个花园当做大花园中的一部分，想象成一个独立的修修补补的避难所，远离主屋和车道的尽头。通过材料的构筑来展示花园主人如何积累材料，并创造

车库一侧区域，拥有月季和绿色植物的颜色，已经变得杂草丛生，杂草占据了空间。

性地将它们变成手工建造的结构，包括车间和水景，如何从积极的工作生活中学到工匠技能。这辆漂亮的车拥有一段故事，是Martin退休计划的一部分，可惜现在运动神经元疾病削减了它，它被遗忘在了花园中。

花园的角落里有一些金属容器，它们被回收利用，变成了水景。车库一侧区域，拥有月季和绿色植物的颜色，已经变得杂草丛生，杂草占据了空间。设计师将树木和典型的观赏灌木作为原始的种植结构。这样能覆盖更轻松的物种，也吸引野生动物来此安家。这是一个可爱的空间，经过多年的努力创造，正逐渐被大自然所回收。 看到这基本可以总结出这个低维护花园是先有一个结构性景观的组成，然后任由自由发挥，通过种子的传播，让杂草生长，然后再通过自然的更迭，来实现景观的变幻。总体的大结构都是人为而定，因此保持了总体框架结构，在细节部分让自然随意发挥。还真别说这样别出心裁的方式，其实也是很独特的体验。景观会有随机性，每年都会有变化。但也会存在一定的不可控，植物的肆意生长可能会变得越来越狂放。不过如果你是随性的人，可以试试这样的设计手法，也许会收获不一样的好效果。

金斯顿·莫沃德花园

(The Kingston Maurward Garden)

设计：Michelle Brown

赞助：Miles Stone / Kingston Maurward College, etc.

获奖：镀金奖

这座花园是为了庆祝 Kingston Maurward 学院成立 70 周年而建的，它体现了学院对未来的专业人才的教育理念。

手工艺技术融合了现代和传统的方法，在施工中用平整的石块铺路，石墙采用了干砌法，花园中心还装饰有铁匠打制的圆形铁盖。

品读人：佟亚荣

建造者运用独到的技艺砌筑了曲线形石墙，从而来区分花园空间，园路、花坛、休闲区空间过渡自然流畅。

金斯顿·莫沃德花园在切尔西花展荣获镀金铜奖，由Michelle Brown主笔，为庆祝多塞特郡金斯顿·莫沃德学院（KMC）创办陆上教育70周年而设计。金斯顿·莫沃德花园融合了现代和传统的设计方法，为小尺度花园提供了案例借鉴。

建造者运用独到的技艺砌筑了曲线形石墙，从而来区分花园空间，园路、花坛、休闲区空间过渡自然流畅。花园中弧线形石材路面是对石材加工工艺的考验，园路线条流畅，接缝自然，体现了高超的工匠技术。

沿着弯曲的岩石路面可进入到中央供人们停留休憩的休闲区。休闲区采用半围合形式，背墙逐渐递增，运用石块和白色水泥结合形成一处私密空间，突破了原始石墙统一的砌筑法则，独具创新。背墙给人以私密感，休闲区内嵌入到墙体的木质座凳，合理地利用了空间。休闲区顶部穹顶装饰是铁艺工匠打造的装饰架，除了装饰效果外，还为植物更好地攀爬起到支撑作用。

休闲区四周环绕着以紫色调为主的植物，园中大乔木植物是紫叶鹅耳枥，其挺拔的树干

左页 休闲区四周环绕着以紫色调为主的植物，紫叶灌木围绕石墙一周，与石墙形成强烈的色彩和质感的对比，以突出石墙自然的质感。

右页 可使用香草混种在其他观赏植物之中。

撑起花园上层空间。紫叶灌木围绕石墙一周，与石墙形成强烈的色彩和质感的对比，以突出石墙自然的质感。中层乔木为3株槭树，其作为石墙的背景，起到过渡的作用，深紫色密林为背景，青枫从中脱颖而出，其飘逸的姿态柔化墙体硬朗的立面。

园路一侧花境采用藤编篱笆作为植物边界，把整齐切割的石材曲线显露出来，由此给花园园路提供一条清晰的边界。篱笆原材料取自自然之物，与花境和谐共生。花境设计考虑色彩的和谐，在紫色花境前侧是炙热的橙色，橙色被衬托而出，花园从灰色、粉色到大面积的深绿色背景，再到亮色，

有一个渐变的感觉。

园中自然锈色的铸铁水钵，成为花园中的视觉焦点，具有艺术性的小水景是花园中重要的设计元素。由设计师精心设计的小型水景，吸引着小动物们的到访，给花园带来生机。

环顾水景一周，自然地种植着观赏草植物，匍匐筋骨草与箱根草蔓生长在石墙上。柔和的色彩，让设计显得宁静，让人产生冥想。自然石块砌筑成抬高花池，花池中种植主题花境，成为花园焦点。

花园中的植物与建筑相比，起着同等重要的作用，花园中的建筑要交由专业的建筑匠人

133

园路一侧花境采用藤编篱笆作为植物边界，
把整齐切割的石材曲线显露出来，由此给
花园园路提供一条清晰的边界。

来完成，同样的植物的栽种也要由熟知植物生长习性的植物设计师来搭配，好的花境搭配得疏密有致，层次丰富，色彩均衡，让人赏心悦目。而这组花境将蔓生植物与可食用香草类植物混种在一起，种植种类过于繁复，缺乏明确的主题和种植章法，看起来会杂乱无序。展示花境的种植密度通常会比较紧密，这是在做私家庭院中需要特别注意的，我们需要给植物生长留有空间，单单考虑即时效果的花园，其观赏效果是不会持久的。

这座花园给我们的启示是在建造花园中应注重细节的把握，在建筑工艺技法中也要秉承对建造者技艺的培养，工匠需要对细节具有很高的要求，追求做到完美极致。花园不管多大都应如此，做到空间小却不琐碎，有效地把握空间尺度，这是对设计者和建造者技艺的考验。

被遗忘的采石场花园

（Walker's Forgotten Quarry Garden）

设计：Graham Bodle
建造：Walker's Nurseries
赞助：Walker's Nurseries
获奖：镀金奖

　　这座花园展示了一个废弃的采石场的一部分，这里可以见到一个检查塔、一个集料输送机、挖掘机斗和旧轮胎。大自然正在重新塑造这片区域，在这里焕发生机，花园正在逐步成长中。

　　该空间捕捉到了采石场的工业氛围，在这里林中废旧物料随处可见，碎石与废旧钢板铺设的步道，植物已经与日渐古旧的工业环境融洽相处。高大的松树，丰富的枝叶层次，仍然在冒烟的烟囱，让这座花园独具特色。

品读人：谢雨蔹嫣

废弃的采石场还有着多种工业元素，自然却正在慢慢侵蚀这块区域，设计师捕捉到了基地的工业氛围。在这里林中废旧物料随处可见，碎石与废旧钢板铺设的步道，植物已经与日渐古旧的工业环境融洽相处。

这座花园展示了一个废弃的采石场的一部分，这里可以见到一个检查塔、一个集料输送机、挖掘机斗和旧轮胎。大自然正在重新塑造这片区域，在这里焕发生机，花园正在逐步成长中。

设计灵感是来自一个废弃采石场的自然状态，废弃的采石场还有着多种工业元素，自然却正在慢慢侵蚀这块区域，一点点地将工业的痕迹覆盖和消磨掉。设计师捕捉到了基地的工业氛围。在这里林中废旧物料随处可见，碎石与废旧钢板铺设的步道，植物已经与日渐古旧的工业环境融洽相处。高大的松树，丰富的枝叶层次，仍然在冒烟的烟囱，让这座花园独具特色。

花园中的植物也是经过了特别地挑选，选用了耐旱、耐贫瘠的植物，这些植物能很好地改善花园环境，让受到破坏的采石场重新恢复生产力，改善土壤的创造力。

花园中最为亮点的是模仿采石场而设的采石设备，让未去过采石场的人们能更好地了解采石场的采石过程，如何对环境产生破坏，破坏能达到何种程度，从而引起大家的关注和警醒，然后一同寻求改善的方法。采石场的景观恢复也不是新鲜事了，在景观设计中已有成功的案例。国内上海辰山植物园就是在采石场的原址上做的植物园改造，其中最为有名的就是矿坑花园，设计师通过景观的手法，将矿坑进行了再塑造，让游人能进入到矿坑底部。矿坑变成了一个盛水池，通过阶梯的步入，能进入

花园中的植物也是经过了特别地挑选，选用了耐旱、耐贫瘠的植物，这些植物能很好地改善花园环境，让受到破坏的采石场重新恢复生产力。

花园中最为亮点的是模仿采石场而设的采石设备,让未去过采石场的人们能更好地了解采石场的采石过程,
如何对环境产生破坏,破坏能达到何种程度,从而引起大家的关注和警醒。

到底部池水，然后再经过山体隧道进行体验。不得不说是比较成功的案例，也在国际上获得了景观奖项。

植物具有修复的功效，工业时代遗留下的工业遗迹，到如今都已废弃，但可以通过景观的方法让土地恢复活力，让其发挥价值，吸引更多的人加入到土地新空间中，共同完成土地的逆转。

被遗忘的采石场花园，旨在唤醒人们，历史总是不断地重复，单纯地纠结于历史没有意义，从历史中得到有助于现在和未来的经验、教训才是读历史的现实意义所在。

哪怕是一个场景的模仿，都可以给参观者带来无限的遐想，这片土地的过去、现在和未来，虽然形态不同，都是人和自然相处的方式。

左页 植物具有修复的功效，工业时代遗留下的工业遗迹，到如今都已废弃，但可以通过景观的方法让土地恢复活力。

右页 用采石场的石块、模板、锈铜烂铁等作为花园的基础元素，植物种植在其间，表现植物的神奇修复功能。

国际动物福利慈善机构周年庆花园

（Donkeys Matter）

设计: Christina Williams and Annie Prebensen
建造: Frogheath Landscapes and How Green Nursery
赞助: The Donkey Sanctuary
获奖: 银奖

　　花园坐落于一个干旱的地方，它向人们展示了在这样艰苦的环境下拥有一头驴的意义，有了驴子就意味着即使在最贫穷最脆弱的地区也可以拥有清洁的水。

　　在纳米比亚、拉穆、索马里兰和埃塞俄比亚，驴子用来为整个社区收集水，通常一次 40~60 升，驴子驮水这个看似简单的事情，实际上大大减少了这些地区的人们取水所需要的时间，使得女人们可以从事经济活动，儿童也可以接受教育。这个花园用来展示 50 多年来依赖于驴子的人们的生活。

品读人：谢雨荔嫣

一块干旱的土地，一幢破旧的小屋，一口井上面挂着水桶，一条通往高地的岩石小路以及小路两侧的蓝紫色植物。唤起人们对驴这种看似微不足道、实则可以撑起一个家庭半边天空的动物的关注与爱护。

左页　破旧的小木屋，也反映着该地区的贫穷。
右页　一口井上面挂着小水桶，表现干旱地区水的珍惜，
而有驴子就可以拥有这稀缺的水资源。

　　谈到诸如花园这样的艺术品，首先映入眼帘便是美丽的鲜花、芬芳的绿草、透亮的喷泉，一般难以将其与"公益"二字联系起来。然而，由Christina Williams 和 Annie Prebensen设计的 "Donkeys Matter" 花园，却充分将公益的元素融入到花园艺术中。一块干旱的土地，一幢破旧的小屋，一口井上面挂着水桶，一条通往高地的岩石小路以及小路两侧的蓝紫色植物。这条路代表世界上一些最贫穷、最脆弱的地区。这座花园旨在通过还原50年来在世界上一些干旱地区一头驴能够给一个家庭带来的美好，来唤起人们对驴这种看

似微不足道、实则可以撑起一个家庭半边天的动物的关注与爱护。

　　这对曾经在切尔西赢得过金牌的搭档正在为驴子保护区建造一个展览花园，以庆祝该慈善机构成立50周年。多亏了一位长期支持者的慷慨解囊，这个以Sidmouth为基础的慈善机构将驴子的困境搬上了世界舞台，并引发了大众的兴奋。驴子保护区的公关经理尼古拉·阿什解释说，有70多名工作人员自愿参加了这次展览。"从首席兽医到营养师，他们都只是想参与进来，所以我不得不组织轮班。这是一次真正的庆祝，不会再有机会发生了，你有多少次

机会来庆祝50周年纪念日？"

在纳米比亚、拉穆、索马里兰和埃塞俄比亚等地，驴被用来为整个社区收集水。一头驴通常一次能收集40～60升水。驴驮水这个简单的动作减少了取水所需的时间，解放了儿童，使他们能有更多时间接受教育，使妇女能从事经济活动。花园展示该慈善机构的国际推广工作，帮助改善驴的福利，进而改善依赖驴的社区的福利。

这座花园是展览中位于蛇形步道(Serpentine Walk)上的艺术花园之一。蛇形步道上是一系列远离主要大道的花园，其主题更具艺术性或工艺感。在树下，他们的花园散发出安静的、少一些炫耀的气氛。"驴很重要"的花园长8米×6米，让人联想到干燥的地中海。鲜艳的鲜花会给花园周围的环境带来美丽和色彩。天然再生石材和木材被运用到花园中，提供视觉凝聚力和真实性。花园中种植了柏树、薰衣草和剑齿松。但是薰衣草的种植引起了设计师的一些担忧，Christina解释说，因为今年RHS已经禁止进口薰衣草，因为担心真菌的传播，因此取而代之的是一批由苏塞克斯郡专业种植者带来的薰衣草。

花园坐落于一个干旱的地方，它向人们展示了在这样艰苦的环境下拥有一头驴的意义，有了驴子就意味着即使在最贫穷最脆弱的地区也可以拥有清洁的水。破旧的棚屋，悬挂着水桶的井，园区高处有一条小路通向一片岩石地区，走过这条小路可以看到一片薰衣草地，这条路代表了驴子从社区到水井要经过很长的旅程。正因如此，水成为了"驴很重要"主题公园中心主题。然而，一头真正忙于干活的驴是不会出现在花园的，但花园中却无处不是他们存在的痕迹——设计者Annie解释说："我们收集了水瓶、马具和马鞍毯，游客们可以看到蹄印和驴粪，我们甚至还在保护区里找到了驴啃过的栅栏。"这些都是设计师精心设置的。

与此同时，花园在细节上也还原了真正的花园的许多细节，比如水井上空悬挂着的滴着水的水桶，水滴滴落的声音营造出一种幽秘的气氛；墙上攀爬着仿真陶瓷壁虎，为没有驴的花园增添了一份动态的生机；水井周围四处盛开的薰衣草，为花园蒙上一层紫色的梦幻面纱。

植物均以紫色为主色调，自然式的种植，让人很容易地联想到乡村的场景，虽然花园中没有驴，但我们能从种种痕迹中感受到驴的存在，这也是设计师最渴望看到的。

左页　花园呈现出烂漫的蓝紫色调，种植了大花葱、薰衣草、鸢尾、鼠尾草等蓝紫色的花卉，中间穿插灰色调的观叶植物。

World Garden
Design Classic Case
Analysis

成长花园

SPACE TO
GROW

花园选用滨海花园为设计背景，设计灵感来自西班牙北部的巴斯克海岸线，地貌中壮观的岩层为显著特点。

Facebook: 屏幕之外

（Facebook: Beyond the Screen）

设计：Joe Perkins
建造：The Outdoor Room
赞助：Facebook
获奖：金奖、最佳建造奖、最佳成长花园奖

社交媒体对于英国的各个年龄层的花园园丁们来说变得越来越重要，超过五分之一的英国人现在用它查找建造花园的建议，而作为其信息的主要来源。

这座花园突出表现了社交媒体的潜力，是一所充满寓意的花园，它可以帮助人们在网上找到与自己有共同点的人，并就此建立联系。

品读人：佟亚荣

这是一座为年轻人设计的花园，独特的花园造景方式以及传播通过媒体社交文化给全世界带来积极影响的设计理念使其在2019年切尔西花园展中获得金奖。

花园选用滨海花园为设计背景，设计灵感来自西班牙北部的巴斯克海岸线，地貌中壮观的岩层为显著特点。初看这座花园你可能会被花园中特色的叠石所吸引，抑或是被园中弯曲灵动的线条所以吸引，设计师通过这些符号语言表现当今互联网时代，把虚拟的网络环境形成具象化的景观。

设计师将花园与自己的生活紧密联系起来，他想到能够让自己和家人最开心的事就是带着孩子们去海边玩耍。辽阔的海洋潮起潮落，浪花拍打在岩石上的声音是最动听和有趣的，见到人们在大海中冲浪是那么的开心……设计师便将这些情景融入到设计中，借助滨海地貌中水和海岸的自然连接来表现现实生活中线上和线下生活的互联互通，以及社交媒体在全球范围内促进的互动、社会变革和机遇。设计师想要建造一处可以与朋友或是与家人联系、团队之间的相互协作，或者推动社区社会活动的花园生活空间。从而为当下由于线上活动频繁而使人与人之间缺乏沟通的社会环境创造一个活动场所。

那么怎样将海浪的声音以及浪花拍打岩石的效果展示出来呢？将以什么方式提供一个供人们互动休闲的空间呢？

休闲平台悬挑至水中，凯思尼斯片岩石板并排嵌入水中，通过力学装置将水以海浪的形式拍打到岩石上，与自然景象完美契合。

　　设计师将回收的海洋木材制成的木材甲板做抬高处理成为花园中的休闲区。休闲平台悬挑至水中，凯思尼斯片岩石板并排嵌入水中，通过力学装置将水以海浪的形式拍打到岩石上，与自然景象完美契合。由可回收的游艇帆制成的三层铜制波浪形顶篷给休闲区提供良好的荫凉环境。花园家具的简约时尚感，也是象征着引领潮流时代的年轻一代的审美品位。阳光下舒适的环境随着潮起潮落以及海浪拍打岩石营造出的氛围，唤起人们愉快的假日记忆。

　　种植方式是典型的岩石花园组团种植，岩石花园的特殊形式是卵石花园或砾石花床。还有一种特殊类型的高山花园，花园里只种高山植物，主要由石块在花园里模拟山地环境。岩

石花园植物一定选用透水性好的基质，才能保持长久的岩石植物景观。

　　岩石花园最早出现在18世纪伦敦切尔西草药园（Chelsea Physic Garden），直到20世纪末才开始流行。随着岩石花园的普及，越来越多的植物进入了岩石花园。19世纪末还很少在花园里出现，现在已属于多年生植物苗圃和园艺中心最常见的植物了。

　　而这座花园地被植物延续片石主景，在花境中用自然石块和地被植物真实还原海边岩石景观。花境中的植物选自苏格兰、英格兰、新西兰和墨西哥中特有的植物，用自然的方式进行组合。色调为灰色系，我们称之为灰色花境，大多数植物具有灰色的叶子，所有的地被

和花境用的植物都具有灰色或者发白的叶子，这些植物的花通常有白色、淡紫色、紫色和粉色。灰色花园春天呈现寂静、清凉的感觉，在夏季灰色花境由于雨季水分补给充足，植物长势加快，会呈现一种更丰富饱满的花境效果。

在我国的北方适宜搭配的岩石花园植物有迷迭香、匍匐百里香、石竹类植物、老鹳草、耧斗菜、高山杜鹃、西伯利亚鸢尾等。岩石花园得以广泛应用的另一优势是在寒冷的冬天，植物进入休眠期根部以上花茎枯竭，裸露的岩石和砂砾也别有一番看头。

随着计算机网络技术的发展，目前在人们的日常工作生活中局域网技术、网络互连技术、虚拟专用网络技术、无线网络技术等得到了广泛的应用，为我们的日常生活提供了巨大的便捷性，使人与人之间的沟通交流变得更加方便，给我们传统的生活方式带来了深刻的变革。网络技术的发展给全世界带来的经济和文化交流是具有突出贡献的，设计中运用的建筑原材料以及植物原材料都是在此互联网时代的积极影响下产生的，促进社会多元化发展。

而这座花园地被植物延续片石主景，在花境中用自然石块和地被植物真实还原海边岩石景观。花境中的植物用自然的方式进行组合。色调为灰色系。

日本汉方草本园

（Kampo no Niwa）

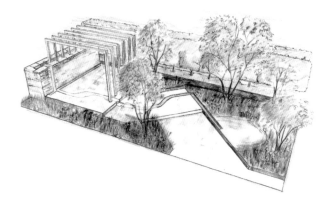

设计：Kazuto Kashiwakura and Miki Sato
建造：Harrison Landscapes, Tatsuya Shirai Studio,
　　　Otis Landscape Associates
赞助：Kampo no Niwa 300 sponsors
获奖：金奖

　　这座花园是为日市的汉方草市系统的医学从业者设计的，通过种植有益身心健康的植物来给人们传达健康的理念和幸福的生活方式。花园的设计灵感来自于设计师的家乡日市北海道，在漫长的冬季里，雪是那里最为主要的景观，而雪融化的声音启发了设计师在花园中设置小溪和池塘的灵感，与市质藤架、石砌的露台一同形成花园美好景观。

品读人：楼嘉斌

花园整体是以"水"为线索展开的，展现了雪融化后的水缓缓从高处跌落，再通过漫长的流淌最终汇入池塘的过程。而休闲区和园路也是设置在水的周边，跟随水的流动来观赏。

休闲区设置在花园深处，一道石砌景墙作为自然露台的形式出现在休闲区背侧，成为休闲区的倚靠。浅浅的流水分两股从景墙跌落，汇入休闲区下方的沟渠中，沟渠汇聚后就流入由自然石勾勒出的自然小溪中。小溪蜿蜒曲折围绕休闲区缓缓流过，坐在休闲区内能听到水流的声音。花园休闲区地势最高，之后依地势层层下降，水就依地势自然向下流淌。小溪横穿铺装，然后跌入到第三段由耐候钢板做成的水沟之中。耐候钢板组成的水沟呈规则直线条，依附在铺装一侧，最终水流汇入低处的一汪水池中。水池清浅，自然纯朴。

花园休闲区由7根橡木原木柱组合而成，造型简单富有厚重感，据介绍，橡木均是新鲜开采的大木料，加工后在现场组装，保持原木本色。景墙及溪流石块均产自于英格兰中部的斯坦福德镇，色泽呈蜜蜡色，甚是好看。铺装石材浅灰中泛着红色，与耐候钢和自然石块都能互相呼应，不突兀，很纯粹。花园整体的材料色彩都和自然色相关，耐候钢的加入让自然色中有一些跳跃，多了一些层次感。

花园植物围绕休闲区和水景种植，仔细观察休闲区周边的植物是种植在两个层次的耐候钢板花池中的。高处种植箱中种植欧洲鹅耳枥树篱为背景，让花园形成私密围合感。矮种植池内种植花境植物，高度略比铺装高，从而与水池周边的植物形成高度差。这样人为的设置，可以让植物有高度上的层次变化。也可以防止泥水流入溪流之中。园中的每一种植物都是精心挑选过的，可以治疗发烧、缓解疼痛、驱寒保暖等，是中药中常用的植物，其中有很多都是很常见的园林植物，其花美，具有观赏价值。

花园入口两侧，种植了两棵花园主景树，设计师挑选了日本辛夷和大山樱，两者相映衬，起到掩映棚架的作用。

棚架一侧的花境中设计师以花椒为上层花灌木，中层搭配芍药。芍药叶形规整，整体姿态圆润，能起到骨架的作用。下层点缀草花，蓝色的匍根花荵'兰布鲁克淡紫'打底，黄水枝、三色堇、大星芹、薄荷穿插其中，缬草高挺而出，整体清新自然。

水渠一侧以珍珠梅为主景花灌木，荚果蕨打底，与珍珠梅一同形成连贯的羽状叶基础，其中间穿插黄水枝、大星芹、花荵、金莲花、鸢尾，调节花境色彩，这些植物花量小，如天空中的星星，点缀其中。最后玉簪填空，起到花境的骨架作用，其大而规整的叶形与其他植物形成对比。

休闲区设置在花园深处，一道石砌景墙作为自然露台的形式出现在休闲区背侧，成为休闲区的倚靠。

这是一组比较典型的阴生花境，设计师精心挑选植物搭配，自然中透露着细腻感。

水池周边以鸢尾和石菖蒲为主景植物，种植在花境的最显眼位置，与水相映衬，表现其花卉的美好。珍珠梅、芍药做骨架，缬草、玉簪点缀，水池中央日本萍蓬草漂浮水上，共同形成水池边安静、祥和的画面。

外侧的花境与内侧不同，加入了水芹、茴香、紫苏、圆叶当归等植物，熟悉的食用植物与花境植物搭配在一起有一种不一样的视觉感受。

入口三角处以大山樱为主景树，珍珠梅、芍药作中层结构。下层种植花境，薄荷打底，其中点缀三色堇、金莲花、紫苏调色，茴香和缬草高挺，调节花境层次。

如此一看花园中的植物处处有亮点，设计师可谓不少花心思，很少有人会想到把药用

左页 水池周边以鸢尾和石菖蒲为主景植物，种植在花境的最显眼位置，与水相映衬。

右页 入口三角处以大山樱为主景树，珍珠梅、芍药作中层结构。下层种植花境，薄荷打底，其中点缀三色堇、金莲花、紫苏调色，茴香和缬草高挺，调节花境层次。

花园整体散发着自然风，让人过目不忘。

植物与园艺植物结合在一起，搭配形成花园景观，且呈现的效果又是那么和谐、唯美。如果你也喜欢药用植物，想要运用到自家花园里的话，可以效仿这个花园，只要稍加替换几种植物，就能照搬过来，委以利用。比如花椒可以替换成火焰卫矛或者多花溲疏、锦带、郁李等花灌木。缬草可以用柳叶马鞭草来替代，花葱可以用老鹳草替换，石菖蒲可以用菖蒲或者西伯利亚鸢尾替换，日本辛夷可以用丛生玉兰来替换，这样重新组合后的花境还能保持原来的风格、层次。

花园整体散发着自然风，让人过目不忘，因同属于大东亚文化圈中，所以我们能更好地理解花园的内涵，更能接受植物的搭配方式及欣赏花园中植物的美。这也是为何第一眼就感觉亲切的原因。大部分的植物国内市场上也能买到，稍加搭配也能拥有此花园的美景。看到这里，如果你也想做个药草花境的话，那就行动起来吧。

花园中所配置的植物表

乔木及灌木	草花
Magnolia kobus 日本辛夷	*Actaea*'Misty Blue'升麻
Zanthoxylum pipiertum 花椒	*Aralia cordata* 食用土当归
Prunus sargentii 大山樱	*Polygonatum × hybridum* 黄精
Carpinus betulus 欧洲鹅耳枥	*Epimedium rubrum* 红色淫羊藿
Sorbaria sorbifolia'SEM'珍珠梅	*Astrantia*'Star of Billion' 大星芹"星多多"
	Trollius × cultorum'Alabaster'金莲花"雪花白"
	Tiarella Spring Symphony 黄水枝'春天交响曲'
	Geranium phaeum Album 天竺葵'相片簿'
	Polemonium Lambrook Mauve 匐根花荵'兰布鲁克淡紫'
	Valeriana pyrenaica 皱叶缬草
	Acorus gramineus 石菖蒲
	Iris laevigata 鸢尾
	Paeonia lactiflora'White Wings'芍药'白色翅膀'
	Paeonia Lactiflora'Duchesse de nemours' 芍药'公爵夫人'
	Hosta'June' 玉簪'六月'
	Hosta'Devon Green' 玉簪'德文格林'
	Angelica archangelica 圆叶当归（欧白芷）
	Matteuccia struthiopteris 荚果蕨
	Houttuynia cordata 鱼腥草（蕺菜）
	Galium odoratum 车轴草
	Cryptotaenia japonica 水芹
	Foeniculum vulgare 茴香
	Mentha arvenisi var. *Piperascens* 日本薄荷
	Viola tricolor 三色堇
	Perilla frutescens 紫苏
	Valeriana officinalis 缬草
	Rumex acetosa 酸模
	Chenopodium album var. *centrorubrum* 红心藜
	Nuphar japonica 日本萍蓬草

非洲女性教育运动花园

（The CAMFED Garden）

设计: Jilayne Rickards
建造: Cormac Conway
赞助: The Campaign for Female Education, thanks to
　　 the support of a private donor
获奖: 金奖

　　这座花园以其充满活力的色彩和异域风情捕捉到了
非洲精神，代表了撒哈拉以南地区的非洲女性以气候为主
导的农业生产。这片岩石众多的红土地上以种植可食用的
农作物为特色，这些农作物对当地儿童的成长起着至关重
要的作用，比如富含铁的豆类、西瓜、香蕉、红薯等。津
巴布韦也有典型的农作物，有坚果、高粱、西薯、大叶菊等。

品读人：翟娜

这座花园模拟了一个津巴布韦小村庄，通过充满活力的颜色来展现撒哈拉以南地区的异域风情，这里的女性以农业为第一生产力，在红色的土壤上种植可食用的农作物。土地上以种植可食用的农作物为特色，这些农作物对当地儿童的成长起到了至关重要的作用，比如富含铁元素的豆类、木瓜、香蕉、红薯等。

在花园中展现了不同于英国的赤红色土地上种植的情景，一排排郁郁葱葱的绿色作物拔地而起，争抢着位置，白色的教室提供了完美的背景，回收利用的油桶被涂上高饱和的橙色、绿色，成为种植植物的良好容器，太阳能电池板为一个地下水库的循环水提供动力，这个水库灌溉并维持着一系列营养丰富的水果和蔬菜生长，这一切全部容纳于蓝得炫目的围墙之内，各种毫不相干的色彩跳跃着、碰撞着，却毫不违和，反而昂扬着炽热的生命活力。

撒哈拉以南非洲，又称亚撒哈拉（Sub-Saharan）地区，俗称"黑非洲"，意为黑种人的故乡，这里有浩瀚的沙漠、茂密的雨林、无际的草原、繁多珍稀的动物，以及被誉为地球的伤痕——东非裂谷带，非洲的最高峰——乞力马扎罗，非洲最深而狭长的湖——坦噶尼喀湖。

这里也是世界上最贫穷的区域，其中有31个国家被联合国列为"最不发达国家"，粮食危机和人口受教育程度，尤其是女性人口受教育程度低，长期而广泛的存在于这片地区。据联合国粮食及农业组织（FAO）于2017年的估

左页　赤红色土地上一排排郁郁葱葱的绿色作物拔地而起，争抢着位置，白色的教室提供了完美的背景。

右页中　花园中心模拟了在津巴布韦的小村庄里，用混凝土砖和水泥建造的一间教室，这吸引了人们进一步注意到，在世界上受到气候变化影响最严重的一些贫穷地区，年轻的女孩迫切需要接受教育。

右页下　回收利用的油桶被涂上高饱和度的橙色、绿色，成为种植植物的良好容器。

花园里展示了津巴布韦农民常用的种植技术，抬高的苗床展示了节水种植技术，结合作物轮作，最大限度提高了小面积的产量。

计，撒哈拉以南非洲近四分之一的人口处于长期饥饿，受困人口2.74亿人。据悉，女孩失学率最高的地方是非洲大陆，而在撒哈拉以南非洲，有将近80%的贫困乡村地区的女孩没有完成小学学业。

利比里亚前总统、诺贝尔和平奖得主埃伦·约翰逊·瑟利夫曾发表题为《"非洲崛起"？还没有真正做到这一点，除非我们在女孩的教育上投入更多》的评论，评论认为，这个复杂的问题有一个简单的答案——教育。尽管人们普遍承认，没有一个解决方案可以让全球数亿人摆脱贫困，但人们也一致认可，要解决世界上最紧迫的一些挑战，一个重要基石是为所有孩子，特别是女孩，提供素质教育。

非洲女性运动（CAMFED）花园就意在吸引人们关注在世界上受到气候变化影响最严重的一些贫困地区，那里年轻女孩迫切需要接受教育。

在这座看似简单的花园背后，有着一个真实的故事——一位名叫Beauty的津巴布韦女子和一群像她一样的女人掀起波澜的故事。

花园设计师Jilayne Rickards是在2018年和CAMFED员工一起去津巴布韦旅行时认识Beauty的，在她看来，Beauty是最不可思议的人。"她是一个非常谦虚的人，却在她们整个社区有着巨大的影响力。"

15岁那年，Beauty成了孤儿，未来充满了不确定性，为了照顾年幼的7个弟弟妹妹，Beauty被迫辍学，直到CAMFED的到来。出于对农业的极大热情和养家的需要，Beauty在慈善机构的帮助下完成了农学院的学业。CAMFED是一个非营利组织，通过帮助女孩上学并取得成功来解决贫困和不平等问题，使她们成为社区的重要成员，并成为变革的领导者。在CAMFED的帮助下，Beauty现在自己经营农场，种植各种农作物，并雇佣当地社区的人。

被Beauty的故事深深打动的Jilayne Rickards决心将它反映在设计上——"花园由基本材料建成，它不时髦，却非常诚实和真实，大部分的植物都可食用。"Jilayne在花园里展示了津巴布韦农民常用的种植技术，抬高的苗床展示了节水种植技术，结合作物轮作，最大限度提高了小面积的产量。教室屋顶上的水桶连接至太阳能灌溉系统，演示了能让作物在非洲生存下来的水流灌溉。这些种植技术也适合被前来参观的游客引入自家花园。

尽可能使用回收材料能减少浪费有助于可持续发展，大胆发挥想象力甚至可以带来意想不到的的景观效果，广泛地将太阳能技术运用进水泵、灌溉、照明，以减少能源消耗都是值得我们借鉴的选择。

蒙特梭利百年庆典儿童花园
一座儿童自然环境教育的乐园
（The Montessori Centenary Children's Garden）

设计: Jody Lidgard
建造: Bespoke Outdoor Spaces
赞助: Montessori Centre International City Asset Management
获奖: 金奖

　　这座花园是由英国著名的早教机构国际蒙特梭利中心 (MCI) 赞助的, 这所机构主要为认可蒙特梭利教学方法的人们提供培训。2019 年庆祝蒙特梭利在英国成立 100 周年。

　　就像蒙特梭利所倡导的教学方法一样, 花园是以儿童为主导的, 这里提供了一个具有有趣的吸引力的空间来培养孩子, 园区色彩鲜艳, 林间有造型可爱的昆虫屋。这座花园通过园艺让孩子来了解自然和科技。

品读人: 林善媚

左页下 花园 6 个功能需求: 满足 100 平方米的户外学习观察植物空间, 摘、闻、撕和尝感官学习空间, 科学观测土壤空间, 水生植物空间, 下沉式阳光房和水培植物空间。在有限的场地中, 设计师展示花园分成上下两层。

我们和自然接触的机会越来越少，我们的孩子生长在城市里，如果没有机会外出接近大自然，几乎和大自然绝缘。一切神奇的大自然现象，孩子们只能通过书本、视频或者长者的描述得知。而在现在科技产品大发展的潮流下，很多孩子从小的吸引力被转移，对户外更不感兴趣了。尽管大人们的引导很重要，但更为正确的是，让孩子自己产生兴趣，去探索自然、了解自然。

蒙特梭利教育机构一直以来都非常重视孩子们的教育方式方法研究，特别是学龄前儿童。他们一直秉承的教育理念是解放儿童的天性，让孩子们自由地学习和成长。他们多年来的研究表明，户外教学对孩子来说非常有效，"一座透明的教室"也能激发孩子的学习动力。并且在

2018年蒙特梭利机构做了一项调查统计，发现89%的6岁及以下的学龄前儿童的父母，承认早期教育在孩子的成长发展中起到至关重要的作用。所以这次切尔西花展上庆祝蒙特梭利100周年纪念的展出园，立足于孩子们学习探索的过程，设计一个对孩子具有吸引力的花园。这个花园能提醒到来的参观者，大自然对孩子们的前期教育影响非常大，希望父母们或教育者能认识和了解这种教育方式，并能通过有趣的互动方式启发孩子们去发现自然世界。

合作设计师是6个孩子的父亲Jody Lidgard，他既是一个设计师又是一个教育者。他的设计充分体现了蒙特梭利教学的多感官本质理念，实现"儿童主导和未来驱动"，让孩子们从中了解关于自然世界及现代技术，可以

说是一座未来园艺的花园，得到了评委和大众的好评。切尔西花展结束后，这个花园将被整体搬移到伦敦贝斯纳尔格林的儿童博物馆，为小朋友提供一个自然的教学户外教室。

蒙特梭利依据孩子们认知探索的学习方法，对花园设计提出了6个功能需求：满足100平方米的户外学习观察植物空间，摘、闻、撕和尝感官学习空间，科学观测土壤空间，水生植物空间，下沉式阳光房和水培植物空间。在有限的场地中，设计师展示花园分成上下两层。一层主要是入口花境和立体绿化墙，穿过紫色简洁造型的拱架，来到半开放的"多媒体教室"。所以在第一层的花园中实现了两个功

能需求。走出多媒体教室，沿着旋转楼梯而下，是花园的下沉部分。这里利用高差，打造了一个下沉式阳光房和孩子们的隐藏空间。下层花园两侧围墙都是由石笼砌筑而成，其中一侧作为水生植物种植槽，另一侧则是壁泉。因此下沉花园实现了三个功能需求，最后花园的整体完全满足了100平方米的户外植物观察空间的要求。看似功能要求甚多的小花园中，设计师巧思妙想，严谨布局，将各个功能区串联起来，一气呵成。

花园在色彩设计上，从廊架、多媒体教室到楼梯，选用鲜艳的紫色作为焦点色，搭配的户外家具和一些工艺装饰配件，如栏杆扶手和

壁泉水出口，则选用明亮的绿色、蓝色、红色和黄色，使得花园整体生动活泼、热闹非凡，符合儿童花园的设计。

在植物配置上，花园入口处的组团花境呼应硬质景观，选用粉、蓝、黄、白花色的植物，并多用的是可食用植物、香草植物和蔬菜，让小朋友在学习玩耍的过程中与植物亲密接触，哪怕放到嘴里品尝，大人也不用过度担心。而在下沉花园区域，则以绿白色为主调，烘托花园的彩色小品，在植物上使用不同叶型的羽衣草、玉簪、蚊子草、落新妇、耧斗菜，增添观赏趣味。

在建造方面，生态教育和环保的理念一直贯彻其中。花园的围墙使用的立体绿化墙和石笼，多媒体教室的构筑物是用集装箱改造而成，它的屋顶也改成一块野花草甸，可以自然降温。电视墙的石笼还作为一个隐形的过滤池，池中种植水生植物，可对雨水进行净化，雨水净化后落入土壤中，重新被植物利用，或最终汇入大自然的地下水中。

这样一个从理论知识到实践操作，寓教于"乐"的自然教育儿童花园，让孩子们通过高科技和纯原始的方式系统了解土壤、了解植物、了解水，激发他们探索大自然的奥秘。

左页　从这个角度可以看得到花园的上下两层花园，在多媒体教室的正下方是一个相对隐蔽的高差，设计师也充分利用起来，搭配阴生植物，营造相对安静的独立空间。

右页　花园入口的立体绿化墙，和紫色拱架右侧的花境，均由可食用植物、香草植物和蔬菜植物搭配而成，如角堇、金盏花、茼蒿菊、扁豆等，让小朋友可以进行采摘体验。远处的半室内空间就是"多媒体教室"。

维京花园的艺术
（The Art of Viking Garden）

设计：Paul Hervey-Brookes
建造：Big Fish Landscapes
赞助：Viking 维京游轮
获奖：金奖

花园的设计主要灵感来源于维京最新的游轮，"维京猎户座"的设计，还有挪威艺术家 Jakob Weidemann 的一幅画《自然印象》以及另一个艺术家 Anette Krogstad 的陶瓷盘子。花园的中心是设计师 Paul 特意为维京人创作的雕塑，镂空的设计丰富了观赏花园风景的视野，也满足了游客观赏花园时的好奇心。

品读人：楼嘉斌

这座花园是由远洋游轮维京人和设计师Paul Hervey-Brookes合作完成的。设计师Paul从邮轮"维京猎户座"上的艺术品中汲取灵感，将其运用到了展园中。其中包括挪威印象派画家Jakob Weidemann的画作《自然印象》和Anette Krogstad的陶瓷盘，两者都有着自然的色彩和肌理。

《自然印象》绘画作品色彩纷繁，冷暖色彩对比，且有渐变之感。以抽象的表现方式展现了自然的印象。

Anette Krogstad的陶瓷盘色彩比较暗沉，有着自然中的斑韵，能看出色彩的蜕变感，找不出特定的规律，但又自带自然的逻辑。给人的感觉是自然而然，而非人为造作。

"维京猎户座"船舱内的铺装也很是特别，繁复的几何画组合成为了地面的图案，图案多变且复杂。

设计师Paul Hervey-Brookes正是在看了这些作品后得到了灵感启发，从而设计出了这座花园。花园是一个多层湿地栖息地，给人最直接的感觉是水草草甸，河桦树与蜿蜒的溪流一同形成上下多层次空间。水元素是全园的关键要素，是花园的灵魂所在。

花园整体材料都是自然元素，自然状态的原石、砍伐下来的木桩都被很好地运用到花园之中。大小不一的木桩垒成一面背景墙，形成类似蜂窝的面层，大小圆形的排布与自然界中气泡、细胞的排布相似，木桩与木桩之间有着缝隙，成为空间中透气的小孔，让景墙变得不那么密实，有了一丝呼吸感。景墙前侧便是可容纳两人落座活动的小休憩平台。平台由原石拼接而成，有一定的时间岁月感，石材上绘制

左页 花园中心有三处铁艺雕塑，其形状犹如画框一般，将花园中的美景框入其中。设计者这样的设置是为了反映在维京游轮上游客的好奇心和发现感，让他们在旅行的过程中拓宽视野。

右页 大小不一的木桩垒成一面背景墙，形成类似蜂窝的面层，大小圆形的排布与自然界中气泡、细胞的排布相似。

蓝白相间的图案，图案受Anette Krogstad的启发，陶瓷釉面铺路效仿了船只的航行，蓝色和白色是受船尾的启发，坐在此处能感受到乘风而行的动感。

休闲平台三面环水，水上设置原石汀步，供人与水近距离接触。植物分布在溪流四周，植物也多以草甸、湿地植物为主，通过种植后形成自然溪流之景。

花园中心有三处铁艺雕塑，其形状犹如画框一般，将花园中的美景框入其中。设计者这样的设置是为了反映在维京游轮上游客的好奇心和发现感，让他们在旅行的过程中拓宽视野。另外也与他最喜欢的艺术家雅各布·魏德

曼（Jakob Weidemann）的生活有关。魏德曼的画作《自然的印象》是保罗的最爱，正如前文所说，这幅画也是这个花园的一个特别的灵感来源，尤其是当他在游轮上亲自看到它时。因为维京游轮上有提供横跨艺术、历史、音乐和科学领域的迷人文化体验，整艘具有斯堪的纳维亚风格船是一个漂浮的画廊，船舱中悬挂了多幅名画，是挪威最大的私人艺术品收藏馆之一。收录了来自挪威的爱德华·蒙克（Edvard Munch）、女王皇后桑娅（HM Queen Sonja）、克里斯蒂安·斯克雷德斯维格（Christian Skredsvig）和科尔·特维特（KåreTveter）等知名艺术家和新兴艺术家的

作品。艺术品涵盖了各种媒体风格，从数字到印刷、油画、摄影和雕塑，都是为了反映维京人的起源和自然之美而精心挑选的。因此花园的主题也是从艺术来展开的，花园将维京遗产的两个方面融合在了一起，即通过旅行和艺术来发现美好的事物和斯堪的纳维亚文化中对自然的欣赏。

整体展园的元素不多，植物和水是整个花园的主体，而人的位置摆得很低，仿佛只要一席之地就可以进行活动。自然的气息笼罩着整个花园，一切都是原始自然的状态。这样的自然与其他展园的自然是不同的，这里的自然已看不出人为的痕迹，走入花园让人仿佛置身于野生草甸之中，也是这样的一种感觉反映出了设计师设计能力的出众。

"艺术"一词，不同的人会有不同的见解，设计师保罗将自己的理解注入到花园中，需要我们细品，多方位联系设计的背景和主题，便能感受出设计师的用意。设计中经常会遇到这样的要求，需要将文化、艺术融入到设计中，而文化、艺术于花园来说都是抽象的存在，想要更好地结合只能从文化和艺术中提炼

一些元素融入到花园中。有的设计师会很具象，将代表性的作品通过材料的演绎具象地体现在花园中。可能是一个石组，一幅钢板画，也可能是雕刻在铺装上的文字。也有的设计师会以抽象的表达方式若有似无地体现在花园中，保罗就是采用了这样的一种手法。直观地看我们无法想象到这个花园与"维京猎户座"的关系，但通过资料的传达、设计师的描述以及观看一些艺术作品，就会有一些感触，与设计师产生一些共鸣。设计师想要传达的旅行的意义和艺术，这种意识形态中存在的东西，在潜移默化中渐渐会被人所领悟。这样的方式也是最为打动人的，但也是最考验设计师能力的。

自然界中包含了很多艺术，有几何图案上的美学，有自然材料呈现的美感，还有自然生态生长状态下植物的组合。自然本身就是一个巨大的艺术品，我们从自然界中学习的内容有很多很多，自然所带给我们的财富是取之不尽的。越来越多的设计师开始在自然中寻求设计灵感，把自然的智慧和美感带入到花园中，将自然元素浓缩在花园中。其实不仅仅是西方设计师有这样的做法，东方花园也是从模仿自然出发的。苏州园林、日式园林都是效仿自然，将自然中的山水景观浓缩提炼到花园中，有具象的表达也有抽象的简化，植物的种植方式也是同自然生长状态一般，一切都是从自然出发，这样也是应了"虽由人作，宛自天开"。由此可观，不论是西方还是东方，花园的本质就是回归自然。自然的表述方式有很多种，东方花园更为写意，西方花园更为写实，它们有着共同的目的，就是让游人在其中感受自然、拥抱自然。为了更好地实现这一目，设计师们还在不断努力。

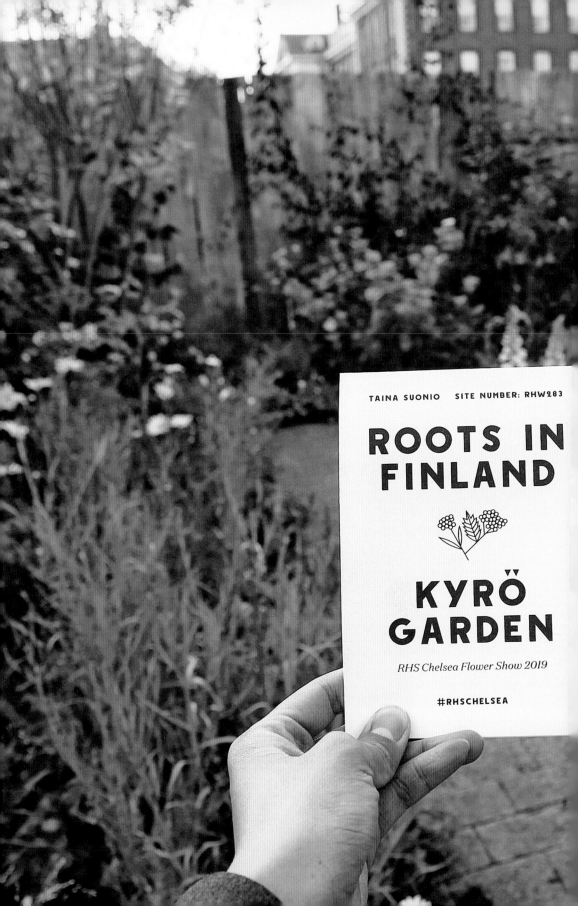

芬兰主题花园

（The Roots in Finland Kyrö Garden）

设计：Taina Suonio

建造：Conquest Creative Spaces

赞助：Kyrö Distillery Company Ltd.

获奖：镀金奖

这座花园是为小空间设计的，为花园设计的趋势提供了丰富的灵感。

花园里美丽的植物不仅能享受芬兰漫长的夏日阳光，也同样适应于在漫长的冬季黑暗中生存。

芬兰拥有 188 个湖泊，这座花园将芬兰的乡村景观与现代设计相结合。花园里的白色围栏来自于旧谷仓的回收改造，市板上有着饱经岁月风霜的纹理。瀑布状的水景象征着这个国家的众多河流，以及芬兰与淡水文化之间的关系。

品读人：佟亚荣

左页 方正的小尺度庭院被围墙和绿篱围合，园中有一个下沉式休闲区，以及被回字形的硬质材料分割成多个界面的场地。

右页 灰色背墙中镶嵌着壁泉，瀑布缓缓流下，象征着芬兰的河流和湖泊。现代简洁的设计将水元素融入至花园中。

这是一座规则方正的小尺度庭院设计，场地被围墙和绿篱围合，园中有一个下沉式休闲区，以及被回字形的硬质材料分割成多个界面的场地。在2019年切尔西花展开幕前看到花园概念方案时，我就思考着，这样一座花园能够与参观者产生共鸣吗？它又能带给人们什么样的新的花园设计理念和对花园生活的认知呢？

设计者从芬兰文化遗产和芬兰草地、树林的多样性中汲取灵感。探索怎样将乡村自然景观融入到现代设计中。这个花园空间是专为赫尔辛基市中心的城市花园而设计，在此为人们提供一个休息和放松的空间。

一般来说，在规则式小庭院中加入自然的

理念是比较难的，而在这座花园中你会看到设计师在花园材料的选择方面花费了一些心思。设计师将废旧谷仓的胶合木板回收再利用作为其中一面围墙，通过彩叶花灌木攀附在围墙上，来给花园的墙面背景做了很有效的过渡。这是设计师的一个创新点。与此同时，花园中的另一面围墙则显得简约富有现代感。灰色背墙中镶嵌着壁泉，瀑布缓缓流下，象征着芬兰的河流和湖泊。现代简洁的设计将水元素融入至花园中。由于现代城市的发展已经让人们亲近自然的时间变少，设计师希冀通过这种方式来提醒年轻人尊重自然。

中空下沉部分是由花岗岩石块所围合出的

左页　中空下沉部分是由花岗岩石块所围合出的空间，空间中布置着家居用品，是花园中供园主休憩的空间。

右页　花园的种植设计模拟了芬兰的乡村自然景观，花园的背景处种植了多种灌木，起到柔化墙壁背景的作用。

空间，空间中布置着家居用品，是花园中供园主休憩的空间。仔细观察石材表面，可以发现设计师选择的石材种类是一致的，但在面层处理上做了不一样的处理，运用的石材中有剖光面、火烧面、自然面等效果，如此表现石材自身的质感，在统一中寻求变化，由此来强调自然和人们的生活息息相关、密不可分的理念。

　　花园的种植设计模拟了芬兰的乡村自然景观，花园的背景处种植了多种灌木，来起到柔化墙壁背景的作用。植物不同的叶片形状和颜色产生光影变化，在虚实之间达到平衡。白桦树银色的树干中斑驳的黑点与饱经风霜的木

板围栏相协调，大凤尾蕨明亮的绿色叶片在古老的木板围墙映衬下更为突出，绿色花境中零星分布着芬兰的国花—铃兰，精致小巧的花朵为阴生花境增添了细节感，与挺拔的乔木一同还原了芬兰国家森林地貌。芬兰冬季严寒漫长，夏季温和短暂，大多宿根花卉在乔木下方光照不足，便会形成这样的自然景观。与之对比，设计师在临近下沉区域布置的花境则显得更加精致有趣。夏季是花园宿根植物的最佳观赏期，白色毛地黄挺拔的花序成为花境的主色调，切尔西花展时毛地黄正值盛花期，花境中零星绽放着红色蓝盆花，辛勤的蜜蜂飞舞在毛

地黄与粉色芍药花旁。

为了强调回归自然地本质，自然生物在花园中也起着重要作用，设计师将不锈钢雕塑艺术家ru runeberg的昆虫雕塑作品引入到花园中，被放大数倍的昆虫雕塑以生动的造型布置在花境和大理石中间，让花园主更能深切地感受大自然的鸟语花香，如森林中的鸟儿般给自然多了一份趣味。花境中还应用了月季。月季具有品种多花期长的特点，其环境适应能力强，是主题花境中最常用的植物，因此白色主题花境端头的灌木月季在建筑墙角起到视觉焦点的作用，干净的灰色墙壁与白色月季营造出的简约现代感。

除此之外，花园中最为生动有趣的要数瀑布前的蝇子草植物，它如飞溅出来的水花，在夏季花园中给人一丝畅快清凉之意。

说到自然生态花园，各个国家存在着巨大差异，大部分国家和地区在工业革命时期由于只关注于工业发展，而忽视了生态环境，导致生态环境遭到严重破坏。在当时看来"城市"和"自然"似乎是一个不能够兼容的词，甚至于是对立的词。然而保持城市生物多样性是城市居民生存和发展的基本需要，是维持城市生态系统平衡的基础。随着城市化进程的加速和生态环境的恶化，城市生物多样性在最近几年急剧下降。花园在人们的生活中变成了奢侈品。近年来随着社会需求的进步，人们开始意识到，自然和我们的生活密不可分，才有了我们现在越来越多的被开发出来的城市绿地，很显然这些还远远不够。实现绿色城市和生态文明城市还需要我们共同的努力。

寂静之湖
杜松子酒花园
（The Silent Pool Gin Garden）

设计：David Neale
建造：NealeRichards Garden Design
赞助：Silent Pool Gin
获奖：镀金奖

花园的灵感来自于利用植物特点和城市空间的绿化，希望在这样的空间里可以缓解人们低落、悲伤的情绪，创造一个具有治愈力量的空间。

穿过花园入口的大石块，可以看到通往下面的宽阔台阶，由此进入花园空间，开放式的天花板，场地中心是芳香的玫瑰花床，一侧半透明的蚀刻着植物纹理的玻璃幕墙象征着杜松子酒蒸馏的过程。悬挂其中的摇椅为人们提供放松冥想的休憩场地。

这个花园提醒人们，只要投入一点心思，即使在空间有限的城市区域也可以创造出有趣的，发人深醒的治愈空间。

品读人：林善媚

 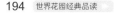

在中性色灰色和绿色中，搭配酒瓶的蓝色和棕色，偶尔出现一些粉色和紫白色穿插其中，是整个花园从硬景，到软景和配饰的色彩。

刚开始看到这个花园介绍时，很难想象到杜松子酒怎么可以和一个花园设计发生关系？我们更多了解的是在花园可以享受美酒，但要做一个和酒相关的花园设计，我们可以怎么做？这个展示花园的设计目的是在城市花园中如何营造一个让人缓解低落悲伤情绪、具有治愈力量的空间，还和酒产生了联系。

花园的赞助商寂静之湖杜松子酒（Silent Pool Gin），其起源地是萨里山，是英国一处比较有名的自然风景名胜区，也是展示花园的设计灵感来源。设计师David Neale的出发点很新颖，受萨里山景区管理开发政策的影响，这里常吸引来一些年轻设计师进行景区装饰构筑物设计，由此成为一个新景点。还会吸引来一些音乐艺术家、诗人来这里采风，进行艺术创作。这其中一项就是萨里的"音景"项目，支持专业人士、艺术家来萨里山安装设备，做各种动物、植物、气流和水体的声音采集。

设计师David Neale从中认识了来自萨里大学音乐与媒体系的托尼·迈亚特教授，他多年来参与到这个项目，进出萨里山多次，记录了丰富的萨里山鸟叫虫鸣的素材。于是David Neale邀请他一起合作，专门为展示花园设计了一套特殊的声音系统，通过在花园中布置传感器和扬声器，在花园中舒缓地播出来自萨里山的各种自然声音。当然为了不造成过度的噪音，影响花园的休闲体验，整套音响系统是随着花园里的风速、空气湿度和温度的感应，分别播出不同鸟类的叫声和自然声音，让人如同身临其境一般。

左页 郁郁葱葱的植物包括毛地黄、薰衣草等。

右页 穿过花园入口的大石块，可以看到通往下面的宽阔台阶，由此进入花园空间，开放式的天花板，场地中心是芳香的玫瑰花床，一侧半透明的蚀刻着植物纹理的玻璃幕墙象征着杜松子酒蒸馏的过程。悬挂其中的摇椅为人们提供放松冥想的休憩场地。

萨里山中的观景点，由Giles Miller设计。

这些自然的鸟叫虫鸣声，在花园中360度环绕式音响系统播放，让花园的设计与酒产生了第一次联系。

花园面积很小，是非常典型的城市居住区后花园，三面围墙。在这样空间局限的条件下，设计师立意设计一座花园主人在一天忙碌的工作后能得到休憩的绿色空间。现场用金属波纹板模拟花园的围墙，花园主休闲区几乎占据了花园全部面积。一个大面积的花园棚架搭建在休闲区上方，不完全封顶，保留通透性和采光。棚架顶部设计种植槽，通过绿色植物为棚架降温，减少能耗。但设计师David Neale

的另一个目的是利用棚架顶上的种植对雨水进行过滤，收集汇到一侧的印花玻璃幕墙顺流而下，流转到棚架下抬高水池中。雨水在水池中再通过循环，流淌在设计的一条"浅溪"中。这条"浅溪"两侧是抬高的种植花池，经过抬高花池逐台阶减低，最终流到花园中间的回水池中。回水池我们是看不到的，因为设计师在它的上面设计了抬高的钢板花池，隐蔽了这个功能设备。

也许你会想，这个看起来似乎有点中国古典园林中的"曲水流觞"的意思，但是设计师的本意是酒的蒸馏过程，这也是花园设计与酒产生的第二次联系。

这个花园提醒人们，只要投入一点心思，即使在空间有限的城市区域也可以创造出有趣
的、发人深醒的治愈空间。

过滤后的雨水慢慢经过蓝色玻璃幕墙而下，使得花园有了水声的灵动，又配合立体声响的鸟叫虫鸣。设计师David Neale很明确，这个空间就是为同时满足视觉和听觉享受的。

那视觉在哪里？景色上，主要看整体的色彩搭配。在中性色灰色和绿色中，搭配酒瓶的蓝色和棕色，偶尔出现一些粉色和紫白色穿插其中，是整个花园从硬景，到软景和配饰的色彩。四周银灰色花园围墙，休闲区一处预制混凝土块砌筑的装饰景墙，花园主体构筑物棚架的颜色，辅以铺装和抬高的水池、花池外饰面烧结砖的偏深色，奠定了花园的色彩基调。金属棕色的加入，成为一个视觉焦点。植物的引入主要配合硬景，绿色、粉色和白色是提亮色，种植的品种有芍药、玉簪、欧洲天目琼花、太平花和鬼灯檠，穿插暗红色的鸡爪槭、羽叶接骨木、紫叶榉树以及蓝紫色的耧斗菜、老鹳草等增加色彩变化，丰富视觉效果。

值得一提的是这个印花玻璃幕墙，采用的是此次赞助商杜松子酒的瓶装图案。这可说是花园设计与酒产生的第三次联系。

最后，设计师还是没有放弃探寻花园设计与酒的关系，那就是嗅觉。我们都知道杜松子酒具有一定的芳香，它的制作过程就是不断地从植物香料中提取出正确的味道搭配稳定气味和口感的组合，每个类型气味不尽不同。喜欢酒或者熟悉酒的朋友们一定会知道品酒的乐趣，香气是其中的一环。虽然在花园中不能完全模拟出酒的气味，但是设计师仍想借此来传达好的气味也是能令人感到放松、能缓解压

印花玻璃幕墙，采用的是此次赞助商杜松子酒的瓶装图案。

力、带来愉悦感的，如同品酒一般。在花园里配置了多种芳香植物，其中不泛杜松子酒提取原材料的品种，如接骨木和甘草根，还有设计师David Heale最为喜欢的'杰基尔'月季和太平花。嗅觉的因素考虑，从设计上提升了这个花园的体验层次，又再一次贴合设计主题。

你以为这就完事了吗？并没有。杜松子酒的最为关键的一个植物原材料是什么？是杜松子。这个要怎么联系？难道花园里面有种植杜松？没错，但不是种下，而是摆上。在花园背景墙上的置物架上，设计师特意摆放了一盆杜松造型的盆栽。这么重要的信息，岂能不放在最核心的位置呢。

当然这个花园设计中还有一些隐蔽的亮点也是值得思考的。依据资料查询，这个花园是使用灯光的，但不是我们常见的形式。设计师David Heale使用的是一种节能环保装饰灯，布置在种植花池中，这些小灯泡利用的是植物光合作用产生的有机物的能量转化为热能发光。这种生态环保理念据说也是这个赞助商的生产经营宗旨。设计师无处不在点题，简直就是小心思满满啊。

生命和谐花园
（The Harmonious Garden of Life）

设计：Laurélie de la Salle
建造：Bespoke Outdoor Spaces
赞助：Mr Robert and Mrs Sue Cawthorn Margheriti
　　　Piante, Italy
获奖：银奖

　　面对全球气候变暖，环境污染和资源枯竭，花园该如何帮助人们恢复生态系统？这座花园对此进行了探索。

　　花园鼓励人们在与生活息息相关的四个方面：矿物、蔬菜、动物和人类，在于自然中的四种重要元素：空气，土壤，水，火之间积极相互作用，创造平衡。

品读人：林善媚

这是一座设计布局很简单的展示花园，风格上是乡村休闲风，但面积并不大。因此是非常适合城市和城郊的小花园。一个带有棚架的休闲区、一个圆形水景和一段造型景墙由一条顺坡度而上的路径连通，这些是花园的全部构筑元素。看着似乎很不起眼，但是仔细了解其中设计，你能感受到设计师关于花展"回归自然"主题的创意所在。

现在的人们虽有休闲时间，但是在花园和园艺上的时间越来越少了。因此人们对花园的需求也有所变化，比如对成品植物的需求，对易于管理和养护植物的需求，对花园养护难度和时间的限制需求等等。因此花园的设计也是立足这样的一种趋势，并且由于展示场地位置位于曝晒区域的特点，设计师Laurélie才将花园设计成现在的旱生花园类型。

由此决定了花园的材料选择范围和整体色调。我们现在看见花园中采用白色碎石园路、木色棚架、灰色景墙和植物偏蓝白粉的花色选择，都是贴合花园风格定位的。边界由海桐绿篱和竹子组成，中间连接一段景墙，营造花园的围合感，为花园其他景观元素构建了大的背景。配合花园环境和风格，其他植物的选择上偏向耐热稍耐旱的品种，如细茎针茅、荆芥、鼠尾草、薰衣草、百里香、蓍草、虾夷葱、常绿大戟和马鞭草。花园中材料以及植物的材质和色彩选择，会影响我们在花园中的感官体验。这个小花园的轻松休闲氛围，令人放松。

但是随着深入的了解，你会发现这座花园并没有这么"简单"。一开始看到这个花园的设计介绍时，看到 "四界（矿物、植被、动物和人）"和"四元素（空气、土壤、水和火）"的词组，这难道是一个外国版的"风水花园"？其实设计师想探讨的一个既深奥又普遍存在的问题就是在面对全球气候变暖，环境污染和资源枯竭等世界性难题时，我们每一个人应该如何做出自己一份微薄的努力，共同保护自然环境，与自然环境和谐相处与发展。

我们进行设计花园或者园艺活动时，始终是在和大自然的"四个基本元素"打交道。我们必须了解花园中的空气（风）、土壤、水（湿度或水景）和火（光照时间和强度），它们的不同组合将会影响到我们对植物品种的选择、种植的生长状态，进而影响能不能吸引来小动物，吸引哪些小动物，是否对动物友好。它们之间相互影响，互相作用，而这就是设计简介中所提到的"四界"。任何

一个小花园，可谓是一个"次生的小自然"，都会涵盖"四界"——矿物、植被、动物和人，矿物对应的是花园中的土壤，植被指的是花园植物，动物则包含所有能被花园里植物吸引过来的野生小动物们，而人是花园使用者，也是花园的主导者，又是构筑成小小的生态循环系统的一个环节。

因此显而易见的，如果要为大自然做出一份贡献，那么我们力所能及的就是在花园这个"次生的小自然"中做到和谐共生和和谐发展。这就是这个展示花园的真正主题。

我们发现这个小花园中有各种"四界"共生的循环，值得我们借鉴到自家花园中。

循环一：减少施肥，更健康地种植

花园中有一块绿油油的区域，远看上去像是草坪，近看发现种满的是白车轴草（三叶草）。这种草坪的替代物，不仅耐旱，而且用不怎么打理，完全解决了草坪费水费力的问题。而且白车轴草的根系可以固化空气中的游离氮，转化成土壤中的养分，在不用施复合肥的前提下就可以补充土壤中相对缺乏的氮元素。氮是植物生长不可或缺的元素，缺少氮肥，植物植株细弱矮小，叶色不健康，根系分枝少，从而进入到不利于水分和养分吸收、影响植物生长的恶性循环中。但过多给花园植物施复合肥，会造成土壤某些元素含量过度和富集化，并不利于植物的健康生长。因此我们常

提倡使用腐殖土（腐叶土或有机复合土）。而在这个花园，充分利用这类型植物的固氮特征，达到真正的生态循环，健康且环保。

循环二：低耗能，更生态的自然池塘

这个展示花园中有一个圆形自然池塘。形状是规则的，但是做法不同，一侧是抬高石材垒砌的岸边，较为正式规整，而另一侧则是沿着水岸散置的碎石，自然延伸至种植区，如自然中的浅滩。

整个水景其实也是一个循环系统，是水的循环也是能量的循环。水流经棚架一侧的木板外包水箱，到达石槽出水口，最后落入圆形池塘中，又被水泵抽回到水箱中。

水箱中铺设满了碎石，并种植香蒲和黄菖蒲，圆形池塘中种植水生鸢尾（西伯利亚鸢尾、日本鸢尾）和睡莲，池岸边搭配种植了灯心草，这些都是为了一个目的，那就是让池塘中的水在流动的过程中，通过植物根系和碎石，能起到自我清洁的作用。因为如果你喜欢的不是一个纯自然的静水池塘的话，那么这种过滤措施不妨试试。

而且更为低能耗的表现还在于，这个水景泵的能源来自棚架上的太阳能板和棚架下的秋千椅。方案的介绍资料里提到，人坐在秋千中摇晃的话，其能量将转化成水泵抽水入水箱的动力，是水景水循环的第一步。而圆形池塘中

　　一个带有棚架的休闲区、一个圆形水景和一段造型景墙由一条顺坡度而上的路径连通，这些是花园的全部构筑元素。但是仔细了解其中设计，你能感受到设计师关于花展"回归自然"主题的创意所在。

的水被泵循环至水箱的耗能，则来自太阳能板。真正实现生态零耗能！

循环三：自然友好，和小动物和谐共处

尽管花园面积不大，但是有水景，为小动物提供一处可以自由饮水或休憩之处，哪怕是一个小小的鸟澡盆。花园中有不同品种和类型的植物，为不同传粉者提供采蜜条件。单一型的植物虽然好打理，但不能吸引更多种类的传粉者。有陶土罐状蜂窝，位于景墙圆形洞口的角落，边上就是蜜源花比较多的海棠树。而且陶土制的蜂窝对蜜蜂更健康，也更为自然。

也许有人问，花园中吸引那么多小动物来做什么？显而易见的理由是，可以给植物传粉，特别是只能昆虫传粉类型的植物。如果这个花园中的传粉昆虫比较少，甚至没有，那么其中种植在棚架边上的葡萄可能必须通过人工授粉才能结果。

因此"四界"之间是有一个平衡的，我们人类要做的是要全部考虑到。不然，缺少任意一环，我们的花园就是"亚健康"的状态。

曼彻斯特花园
（The Manchester Garden）

设计：Exterior Architecture
获奖：银奖

曼彻斯特花园为后工业化城市提供了一个新的视角，倡导绿色空间和可持续发展。这座花园引导人们思考利用可持续排水系统对水进行管理的不同方法，思考哪些树市能够应对未来气候的变化，哪些植物可以清洁和改善城市土壤，以及如何改善公园环境，并可以产生经济效益和社会效益。

几乎跨越了整个种植区的雕塑展示了曼彻斯特从昔日的"棉都"到"石墨烯之家"的历程。在花园中的砂岩区域有一块空地，可供人们休息。

花园里的主要植物有刺槐、杂交梧桐、白桑。它们被选入这座花园的原因是因为它们的韧性和适应曼彻斯特气候的能力。

品读人：林善媚

在切尔西花展的展示花园中，总会看到这样的花园设计：始于城市规划发展，立足小尺度花园设计，展现城市发展历程和未来定位。可以说是一个城市的明信片式花园设计，这其中就包括"曼彻斯特花园"。

曼彻斯特是一个老牌的工业城市，工业化城市进程中城市出现了各种问题，如环境受到了严重的污染，特别是水资源和空气；城市居住环境混乱，人文关怀设施设备不足；城市中心出现大量制造业废弃的建筑物等等。在经过转型改革后，曼彻斯特成功地由昔日的"棉都"化身为现在的"石墨烯材料的发源地"。随着城市发展定位的变化，曼彻斯特城市正在以"过来人"的身份提醒着我们关于城市可持续绿色发展的新视角。

这也就是这座曼彻斯特花园给我们展示出来的信息——绿色环保、低能耗、水资源的生态利用等等。虽然这些主题并不是什么新概念，但多年在切尔西花展重复出现，反复强调，说明我们的地球环境保护真的迫在眉睫，需要我们每一个人行动起来。即使在一个小小的花园中，我们力所能及的事也有很多。

这个展示花园在规划设计上很简单，一条既兼顾通行又可提供休闲静坐的园路，仿石墨烯分子式形状的规则石板铺装，现代简洁；中心休闲区处是浅水系的设计，模拟现实中的滨河区域，是城市雨水处理的重要环节；如梦网般铺开的白色雕塑，贯穿整个花园，象征着曼彻斯特城市的蜕变史。

在花园设计上值得我们学习的是其中的

植物使用。首先提倡使用大树，特别是那些适应当地气候并对空气有净化作用的品种。随着人口的不断增长和越来越多的人涌入城市，石油燃料消耗量的持续上升使空气污染成为主要问题。空气污染严重威胁着数十亿人的身体健康，并对自然环境非常不利。2018年7月25日的一项研究对世界上污染最严重的城市进行了排名，发现伦敦排名第23位，曼彻斯特排名28位，利物浦则为33位。改善城市空气质量成为确保城市生活安全和愉快的关键因素。

在过去的几十年中，公共空间和绿色基础建设的发展已体现出在对抗空气污染、改善城市空气质量方面的成功，并额外为动植物提供重要栖息地。树木通过捕获二氧化碳并通过光合作用释放氧气来净化空气是至关重要的。另外树木也通过呼吸作用释放水分，这样的水气会捕获空气中的花粉、灰尘颗粒和其他污染物。并且在城市环境中，如道路树木，可以吸收热量，以减轻城市的热岛效应。

当然并不是种植越多的大树对我们的环境就越好，研究还表明，过密的行道树形成的绿阴反倒是不利于空气净化的。因为大树紧密连接一起的树冠会阻碍空气的流通，反倒形成了一个类似容器的空间，地面汽车排放物在其中很容易形成地面臭氧。而且有一些树木会自然释放挥发性有机化合物，通常是无害的物质，

左页　仿石墨烯分子式形状的规则石板铺装，现代简洁；中心休闲区处是浅水系的设计。
右页　花园的设计另一个主题是利用植物的清洁能力，管理可持续排水系统中的水资源，实现种植的社会效益。

几乎跨越了整个种植区的雕塑展示了曼彻斯特从昔日的"棉都"到"石墨烯之家"的历程。

但是一旦与汽车尾气或其他形式化石燃料排放的氮氧化物发生反应便形成地面臭氧，那就是另一回事了。所以对于树种的选择也要非常注意，可以选择一些对城市空气净化有作用、效果好的品种，如栓皮槭、欧洲黑松、垂枝桦和挪威槭等。当然树木提供的总体效益大于生物排放的任何负面影响，但统筹考虑树木在一个空间内的位置以及其高度、污染物产生的来源和人类接触空间的关系也很重要。

在这样的大背景下，向人们推广使用大树，也是因为在传统园艺中很少选择使用大树的原因。设计师综合考虑大树的抗性和适应性，以及应对现在及未来气候的变化，选择了以下品种：无刺美国皂荚、榉树、悬铃木和桑树。

其次是水生植物的应用。这个花园的设计另一个主题是利用植物的清洁能力，管理可持续排水系统中的水资源，实现种植的社会效益。

英国政府在2010年启动了可持续排水系统（Sustainable Drainage Systems）建设计划。不仅是如此，世界各地，特别是受到特殊降雨天气影响的地方，城市内涝成为一个严重的问题。因此城市建设和规划中，排水压力、地表径流和水污染是这个系统着力解决的问题。而这就是我们现在经常能听到"海绵城市"概念的原因。

曼彻斯特花园展现给我们的是最后一个难题——水污染的问题。所指的是在排水系统中，雨水经过各种路径汇集后，可能会含有有害物质，毫无措施地透转化成地下水时，会造成区域甚至是地球地下水资源的污染。怎么才能让这些流经各种建筑材料或各种地面的水，净化过滤后变成无害的地下水，循环到整个自然系统之中呢？这是海绵城市的作用之一。

雨水花园可以说是"海绵城市"这个作用的具体表现，也是我们每个人都可以接触到的，我们花园设计师和园艺人都能够有机会实现的。曼彻斯特花园正是如此。

花园中心休闲区处是浅水系的水景，利用水生植物、临水植物模拟现实中的滨河区域生态环境，制造一个仿生的可以对城市雨水过滤净化处理的系统。因此设计师在思考植物设计如何运用色彩和纹理的同时，又能实现自然栖息地和生态丰富的景观，使得种植既实用又美丽。

种植设计的布局和品种选择不仅仅停留在纯粹的美学上，更要有益于环境、野生动物种群与气候变化的恢复。成功的种植设计不仅取决于有形的审美和环境品质，还取决于隐藏在其背后的价值观。曼彻斯特花园，可以说是这样一个新的典型种植设计方法的体现。

总 策 划: 花园时光编辑部
执行编辑: 北京和平之礼造园机构
品 读 人: 楼嘉斌　林善媚　翟　娜　佟亚荣　谢雨菡嫣　马智育
摄　　影: 盛小玲　赵芳儿

图书在版编目（CIP）数据

世界花园经典品读：英国切尔西花展花园：2019 /
花园时光编辑部编. -- 北京：中国林业出版社, 2020.7

ISBN 978-7-5219-0647-9

Ⅰ.①世… Ⅱ.①花… Ⅲ.①花园—园林设计 Ⅳ.①TU986.2

中国版本图书馆CIP数据核字(2020)第112948号

世界花园经典品读
——英国切尔西花展花园（2019）

World Garden
Design Classic Case
Analysis

责任编辑: 印　芳
出版发行: 中国林业出版社
　　　　　　（100009 北京市西城区刘海胡同7号）
电　话: 010-83143565
印　刷: 河北京平诚乾印刷有限公司
版　次: 2020年7月第1版
印　次: 2020年7月第1次印刷
开　本: 710mm×1000mm　1/16
印　张: 13.5
字　数: 280千字
定　价: 68.00元